高等职业教育电子信息类专业规划教材

# 单片机原理与应用（C语言版）
## ——嵌入式开发设计初级教程

唐 敏 主 编

王丽艳 许 毅 副主编

电子工业出版社

Publishing House of Electronics Industry
北京·BEIJING

## 内 容 简 介

本书基于 Keil μVision 软件设计平台和 Proteus 硬件仿真平台，精心编写了十个 AT89C51 单片机 C51 语言的项目案例，并对各项目案例分别详细阐述了设计开发的过程。

全书分三篇，基础项目篇涵盖 AT89C51 单片机的硬件基本结构、C51 语言的基本语法和仿真软件的使用步骤；内部应用篇涵盖 AT89C51 单片机的中断、定时/计数器和串行口的硬件结构和应用方法；外部扩展篇涵盖单片机的存储器扩展、显示接口扩展、键盘接口扩展和数模转换接口扩展的基本方法和思路，具体包括 ROM 存储器的扩展、RAM 存储器的扩展、LED 的扩展、数码管的扩展、液晶显示器 LCD 的扩展、行列式键盘的扩展、矩阵式键盘的扩展、D/A 芯片的扩展和 A/D 芯片的扩展。通过外部扩展篇可以完整设计一个数字电压表项目。

本书所设计的项目案例均精选自企业和工程实际案例，每个项目均可单独用于设计开发，具有很强的代表性。

本书按照企业嵌入式项目开发的过程进行编写，充分融入企业实际设计项目，全面训练学生的嵌入式项目开发能力和创新能力。

本书可作为高职高专应用电子技术专业、微电子技术专业、电气自动化专业、机电一体化专业及相近专业的教材，也可供相关技术人员参考使用，还可作为嵌入式软件开发人员的初级参考书。

未经许可，不得以任何方式复制或抄袭本书之部分或全部内容。
版权所有，侵权必究。

**图书在版编目（CIP）数据**

单片机原理与应用：C 语言版：嵌入式开发设计初级教程 / 唐敏主编．—北京：电子工业出版社，2014.6
高等职业教育电子信息类专业规划教材
ISBN 978-7-121-23486-6

Ⅰ．①单⋯ Ⅱ．①唐⋯ Ⅲ．①单片微型计算机－C 语言－程序设计－高等职业教育－教材 Ⅳ．①TP368.1 ②TP312

中国版本图书馆 CIP 数据核字（2014）第 124475 号

策划编辑：王昭松
责任编辑：靳　平
印　　刷：北京七彩京通数码快印有限公司
装　　订：北京七彩京通数码快印有限公司
出版发行：电子工业出版社
　　　　　北京市海淀区万寿路 173 信箱　邮编 100036
开　　本：787×1 092　1/16　印张：14.75　字数：377.6 千字
版　　次：2014 年 6 月第 1 版
印　　次：2020 年 12 月第 6 次印刷
定　　价：32.00 元

凡所购买电子工业出版社图书有缺损问题，请向购买书店调换。若书店售缺，请与本社发行部联系，联系及邮购电话：（010）88254888，88258888。
质量投诉请发邮件至 zlts@phei.com.cn，盗版侵权举报请发邮件至 dbqq@phei.com.cn。
本书咨询联系方式：（010）88254015　wangzs@phei.com.cn　QQ：83169290。

# FOREWORD 前言

本书基于 Keil μVision 集成开发软件和 Proteus 仿真软件搭建单片机仿真开发平台，采用项目开发流程，精心设计了十个项目。所有项目案例均可以在单片机仿真开发平台中调试和交互运行。具体内容分为三部分：

**一、基础项目篇**：涵盖单片机 AT89C51 基本硬件结构和 C51 软件基础知识，包括项目一、项目二和项目三。

项目一主要介绍仿真软件（Keil 软件和 Proteus 软件）和仿真软件的使用步骤，为后续设计做准备；项目二主要介绍单片机 AT89C51 的基本硬件结构和原理；项目三主要介绍 C51 基本语法，包括数据结构和程序结构。

通过上述三个项目，不仅能够掌握单片机的硬件结构，还能掌握 C51 的基本语法。

**二、内部应用篇**：涵盖内部硬件电路的设计与应用，包括项目四、项目五和项目六。

项目四主要介绍单片机内部中断的硬件结构和内部应用；项目五主要介绍单片机内部的定时/计数器的硬件结构和编程应用；项目六主要介绍单片机内部串行通信接口的硬件结构和编程应用。

通过上述三个项目，能够掌握单片机内部的中断、定时/计数器和串口的设计与应用。

**三、外部扩展篇**：涵盖单片机常用的外部扩展电路的设计与应用，包括项目七、项目八、项目九和项目十。

项目七主要介绍数字电压计的存储器的扩展；项目八主要介绍数字电压计的显示接口的扩展；项目九主要介绍数字电压计的键盘接口的扩展；项目十主要介绍数字电压计的数模转换接口的扩展。

通过上述四个项目，可以完整设计一个数字电压计项目，掌握单片机的扩展方法和常见的基本扩展电路。

本书十个项目设计过程均采用企业项目开发流程来设计，每个项目都可以单独使用。书中详细介绍了每个设计环节的设计内容和设计思路，并给出详细的设计成果，全部代码均调试通过，可以作为嵌入式开发设计的入门手册使用，为后续嵌入式软件开发提供设计思路。

本书具有以下特点。

（1）按照嵌入式项目开发的设计过程进行编写，采用嵌入式项目开发设计思想进行教学，使学生潜移默化掌握嵌入式项目开发的流程，具有嵌入式项目开发的思路，通过循序渐进的项目能够提高嵌入式项目开发的能力，更好适应工作岗位的要求。

（2）项目设计过程讲解详细，条理清晰，适合教师讲授，易于学生阅读。本书采用的项目都有较强的实践性，简单且易于实现，在实践中掌握相关的单片机原理和扩展方法。

（3）项目中增加调试部分，并设置故障点，使学生能够通过 Keil 软件和 Proteus 软件查看当前电路的端口、内存、中断、定时/计数器和串口的状态，判断故障现象的原因，并提出相应的故障解决办法，进一步实施以达到解决问题的目的，从而使学生具有硬件电路调试能力、程序软件调试能力和软硬件联调的能力。

（4）项目中增加扩展部分，补充项目相关的理论知识和应用方法，进一步扩展项目设计思路，从而能够全面掌握相关的单片机原理和扩展方法。

本书由大连职业技术学院的唐敏担任主编；由大连职业技术学院的王丽艳和许毅老师担任副主编。项目一、项目二、项目三、项目四和项目五由唐敏和王丽艳编写，项目六、项目七、项目八、项目九和项目十由唐敏和许毅编写。

从本书选题、撰写到出版的全过程中，得到大连职业技术学院领导及教师的大力支持，在此表示衷心的感谢！

由于作者水平有限，且全书撰写任务繁重，书中错漏之处在所难免，在此真诚欢迎读者多提宝贵意见，以期不断改进。

本书所有案例的配套资料可到电子工业出版社华信教育资源网免费下载。

唐　敏<br>
2014 年 2 月于大连

# CONTENTS 目录

## 基础项目篇

**项目一 单片机开发环境的使用** ... 1
- 1.1 项目要求与分析 ... 2
  - 1.1.1 项目要求 ... 2
  - 1.1.2 项目要求分析 ... 2
- 1.2 项目实施 ... 2
  - 1.2.1 单片机的开发流程 ... 2
  - 1.2.2 Keil C51 软件简介 ... 3
  - 1.2.3 Proteus 软件简介 ... 10
  - 1.2.4 Proteus 软件的使用流程 ... 17
  - 1.2.5 Keil 软件的使用流程 ... 20
  - 1.2.6 Keil 软件和 Proteus 软件联调设计流程 ... 23
- 1.3 项目小结 ... 26
- 1.4 项目拓展 ... 27
  - 1.4.1 Keil C51 软件的编译错误的排除方法 ... 27
  - 1.4.2 Keil 软件和 Proteus 软件联调的第二种方法 ... 28

**项目二 单片机最小系统的设计** ... 30
- 2.1 项目要求与分析 ... 31
  - 2.1.1 项目要求 ... 31
  - 2.1.2 项目要求分析 ... 31
- 2.2 项目理论知识 ... 31
  - 2.2.1 单片机简介 ... 31
  - 2.2.2 AT89C51 单片机的硬件资源 ... 32
  - 2.2.3 AT89C51 单片机的 I/O 端口 ... 33
  - 2.2.4 AT89C51 单片机的时钟电路 ... 35
  - 2.2.5 AT89C51 单片机的复位电路 ... 37
  - 2.2.6 AT89C51 单片机的内部存储器 ... 38
- 2.3 项目概要设计 ... 43

|  |  | 2.3.1 单片机最小系统的概要设计 | 43 |
| --- | --- | --- | --- |
|  |  | 2.3.2 单片机的时钟模块的概要设计 | 44 |
|  |  | 2.3.3 单片机的复位模块的概要设计 | 44 |
|  | 2.4 | 项目详细设计 | 45 |
|  |  | 2.4.1 单片机的最小系统的详细设计 | 45 |
|  |  | 2.4.2 单片机的时钟模块的详细设计 | 45 |
|  |  | 2.4.3 单片机的复位模块的详细设计 | 46 |
|  |  | 2.4.4 其他注意事项 | 46 |
|  | 2.5 | 项目实施 | 46 |
|  | 2.6 | 项目仿真与调试 | 48 |
|  | 2.7 | 项目小结 | 49 |
|  | 2.8 | 项目拓展 | 50 |
|  |  | 2.8.1 Proteus 软件的模型选择工具栏 | 50 |
|  |  | 2.8.2 Proteus 软件中的单片机简化设计 | 51 |
|  |  | 2.8.3 数据进制转换 | 54 |
|  |  | 2.8.4 数据码制表示 | 57 |
|  |  | 2.8.5 数据单位 | 58 |
|  | 2.9 | 理论训练 | 58 |
| 项目三 | 可控流水灯的设计与制作 |  | 61 |
|  | 3.1 | 项目要求与分析 | 61 |
|  |  | 3.1.1 项目要求 | 61 |
|  |  | 3.1.2 项目要求分析 | 61 |
|  | 3.2 | 项目理论知识 | 62 |
|  |  | 3.2.1 单片机 C51 语言简介 | 62 |
|  |  | 3.2.2 单片机 C51 语言的数据结构 | 65 |
|  |  | 3.2.3 单片机 C51 语言的程序结构 | 69 |
|  |  | 3.2.4 单片机 C51 语言的函数 | 72 |
|  | 3.3 | 项目概要设计 | 74 |
|  |  | 3.3.1 可控流水灯项目的概要设计 | 74 |
|  |  | 3.3.2 硬件电路的概要设计 | 75 |
|  |  | 3.3.3 软件程序的概要设计 | 75 |
|  | 3.4 | 项目详细设计 | 76 |
|  |  | 3.4.1 硬件电路的详细设计 | 76 |
|  |  | 3.4.2 软件程序的详细设计 | 76 |
|  | 3.5 | 项目实施 | 77 |
|  |  | 3.5.1 硬件电路的实施 | 77 |
|  |  | 3.5.2 软件程序的实施 | 78 |
|  | 3.6 | 项目仿真与调试 | 79 |

  3.6.1 项目仿真 ································································································ 79
  3.6.2 项目调试 ································································································ 80
 3.7 项目小结 ············································································································ 80
 3.8 项目拓展 ············································································································ 81
  3.8.1 奇偶交替 LED 灯闪烁 ············································································ 81
  3.8.2 左循环点亮流水灯 ·················································································· 81
 3.9 理论训练 ············································································································ 82

## 内部应用篇

**项目四 交通灯控制器的设计与制作** ·············································································· 84
 4.1 项目要求与分析 ································································································· 84
  4.1.1 项目要求 ································································································ 84
  4.1.2 项目要求分析 ························································································ 84
 4.2 项目理论知识 ···································································································· 85
  4.2.1 单片机中断的定义 ·················································································· 85
  4.2.2 单片机中断的硬件结构 ·········································································· 86
  4.2.3 单片机中断的寄存器 ·············································································· 87
  4.2.4 单片机中断的处理过程 ·········································································· 89
  4.2.5 单片机中断的初始化设置 ······································································ 89
  4.2.6 单片机中断的程序编制 ·········································································· 90
 4.3 项目概要设计 ···································································································· 90
  4.3.1 交通灯控制器的概要设计 ······································································ 90
  4.3.2 硬件电路的概要设计 ·············································································· 91
  4.3.3 软件程序的概要设计 ·············································································· 91
 4.4 项目详细设计 ···································································································· 92
  4.4.1 硬件电路的详细设计 ·············································································· 92
  4.4.2 软件程序的详细设计 ·············································································· 93
 4.5 项目实施 ············································································································ 93
  4.5.1 硬件电路的实施 ···················································································· 93
  4.5.2 软件程序的实施 ···················································································· 94
 4.6 项目仿真与调试 ································································································· 95
  4.6.1 项目仿真 ································································································ 95
  4.6.2 项目调试 ································································································ 96
 4.7 项目小结 ············································································································ 97
 4.8 项目拓展 ············································································································ 98
  4.8.1 外部中断控制 LED 灯 ············································································ 98
  4.8.2 系统中有两个中断 ·················································································· 98
 4.9 理论训练 ·········································································································· 100

## 项目五 脉冲发生器的设计与制作 ································································· 101

### 5.1 项目要求与分析 ····································································· 101
#### 5.1.1 项目要求 ··································································· 101
#### 5.1.2 项目要求分析 ····························································· 101

### 5.2 项目理论知识 ······································································· 102
#### 5.2.1 单片机定时器的硬件结构 ············································· 102
#### 5.2.2 单片机定时器的寄存器 ················································ 103
#### 5.2.3 单片机定时器的工作方式 ············································· 103
#### 5.2.4 单片机定时器的初始化步骤 ·········································· 105
#### 5.2.5 单片机定时器的初值计算 ············································· 105

### 5.3 项目概要设计 ······································································· 105
#### 5.3.1 脉冲发生器的概要设计 ················································ 105
#### 5.3.2 硬件电路的概要设计 ··················································· 106
#### 5.3.3 软件程序的概要设计 ··················································· 107

### 5.4 项目详细设计 ······································································· 107
#### 5.4.1 硬件电路的详细设计 ··················································· 107
#### 5.4.2 软件程序的详细设计 ··················································· 108

### 5.5 项目实施 ············································································· 109
#### 5.5.1 硬件电路的实施 ························································· 109
#### 5.5.2 软件程序的实施 ························································· 109

### 5.6 项目仿真与调试 ···································································· 110
#### 5.6.1 项目仿真 ··································································· 110
#### 5.6.2 项目调试 ··································································· 111

### 5.7 项目小结 ············································································· 112

### 5.8 项目拓展 ············································································· 113
#### 5.8.1 采用查询方式设计脉冲发生器 ······································· 113
#### 5.8.2 计数器 ······································································ 113

### 5.9 理论训练 ············································································· 114

## 项目六 点对点双机通信系统的设计与制作 ·················································· 115

### 6.1 项目要求与分析 ···································································· 115
#### 6.1.1 项目要求 ··································································· 115
#### 6.1.2 项目要求分析 ····························································· 115

### 6.2 项目理论知识 ······································································· 116
#### 6.2.1 单片机串行口的硬件结构 ············································· 116
#### 6.2.2 单片机串行口的寄存器 ················································ 117
#### 6.2.3 单片机串行口的工作方式 ············································· 118
#### 6.2.4 单片机串行口的波特率计算 ·········································· 120
#### 6.2.5 单片机串行口的初始化步骤 ·········································· 121

- 6.3 项目概要设计 ... 122
  - 6.3.1 点对点双机通信系统的概要设计 ... 122
  - 6.3.2 硬件电路的概要设计 ... 122
  - 6.3.3 软件程序的概要设计 ... 123
- 6.4 项目详细设计 ... 124
  - 6.4.1 硬件电路的详细设计 ... 124
  - 6.4.2 软件程序的详细设计 ... 125
- 6.5 项目实施 ... 127
  - 6.5.1 硬件电路的实施 ... 127
  - 6.5.2 软件程序的实施 ... 129
- 6.6 项目仿真与调试 ... 131
  - 6.6.1 项目仿真 ... 131
  - 6.6.2 项目调试 ... 133
- 6.7 项目小结 ... 134
- 6.8 项目拓展 ... 135
  - 6.8.1 利用COMPIM组件调试串行通信 ... 135
  - 6.8.2 利用"串口虚拟软件"调试串行通信 ... 136
- 6.9 理论训练 ... 136

## 外部扩展篇

### 项目七 存储器扩展的设计与制作 ... 138
- 7.1 项目要求与分析 ... 138
  - 7.1.1 项目要求 ... 138
  - 7.1.2 项目要求分析 ... 138
- 7.2 项目理论知识 ... 139
  - 7.2.1 存储器的扩展方法 ... 139
  - 7.2.2 程序存储器的扩展 ... 141
  - 7.2.3 数据存储器的扩展 ... 142
- 7.3 项目概要设计 ... 144
  - 7.3.1 数字电压计系统的存储器扩展概要设计 ... 144
  - 7.3.2 硬件电路的概要设计 ... 145
  - 7.3.3 软件程序的概要设计 ... 146
- 7.4 项目详细设计 ... 146
  - 7.4.1 硬件电路的详细设计 ... 146
  - 7.4.2 软件程序的详细设计 ... 147
- 7.5 项目实施 ... 148
  - 7.5.1 硬件电路的实施 ... 148
  - 7.5.2 软件程序的实施 ... 149

- 7.6 项目仿真与调试 ··· 149
  - 7.6.1 项目仿真 ··· 149
  - 7.6.2 项目调试 ··· 150
- 7.7 项目小结 ··· 150
- 7.8 项目拓展 ··· 151
- 7.9 理论训练 ··· 152

**项目八 显示接口扩展的设计与制作** ··· 154
- 8.1 项目要求与分析 ··· 154
  - 8.1.1 项目要求 ··· 154
  - 8.1.2 项目要求分析 ··· 154
- 8.2 项目理论知识 ··· 155
  - 8.2.1 显示接口的扩展方法 ··· 155
  - 8.2.2 数码管 ··· 156
  - 8.2.3 LCD1602 ··· 158
- 8.3 项目概要设计 ··· 163
  - 8.3.1 数字电压计系统的显示接口扩展概要设计 ··· 163
  - 8.3.2 硬件电路的概要设计 ··· 163
  - 8.3.3 软件程序的概要设计 ··· 164
- 8.4 项目详细设计 ··· 165
  - 8.4.1 硬件电路的详细设计 ··· 165
  - 8.4.2 软件程序的详细设计 ··· 165
- 8.5 项目实施 ··· 167
  - 8.5.1 硬件电路的实施 ··· 167
  - 8.5.2 软件程序的实施 ··· 168
- 8.6 项目仿真 ··· 171
- 8.7 项目小结 ··· 172
- 8.8 项目拓展 ··· 172
- 8.9 理论训练 ··· 178

**项目九 键盘接口扩展的设计与制作** ··· 179
- 9.1 项目要求与分析 ··· 179
  - 9.1.1 项目要求 ··· 179
  - 9.1.2 项目要求分析 ··· 179
- 9.2 项目理论知识 ··· 180
  - 9.2.1 键盘接口的扩展方法 ··· 180
  - 9.2.2 独立式键盘 ··· 181
  - 9.2.3 行列式键盘 ··· 182
- 9.3 项目概要设计 ··· 182
  - 9.3.1 数字电压计系统的键盘接口扩展概要设计 ··· 182

|       | 9.3.2 硬件电路的概要设计 | 183 |
|---|---|---|
|       | 9.3.3 软件程序的概要设计 | 184 |
| 9.4 | 项目详细设计 | 184 |
|       | 9.4.1 硬件电路的详细设计 | 184 |
|       | 9.4.2 软件程序的详细设计 | 185 |
| 9.5 | 项目实施 | 188 |
|       | 9.5.1 硬件电路的实施 | 188 |
|       | 9.5.2 软件程序的实施 | 188 |
| 9.6 | 项目仿真 | 191 |
| 9.7 | 项目小结 | 192 |
| 9.8 | 理论拓展 | 192 |
| 9.9 | 理论训练 | 195 |

## 项目十 数模转换接口扩展的设计与制作 ································ 196

| 10.1 | 项目要求与分析 | 196 |
|---|---|---|
|       | 10.1.1 项目要求 | 196 |
|       | 10.1.2 项目要求分析 | 196 |
| 10.2 | 项目理论知识 | 197 |
|       | 10.2.1 D/A 转换芯片 DAC0832 | 197 |
|       | 10.2.2 A/D 转换芯片 ADC0832 | 200 |
| 10.3 | 项目概要设计 | 203 |
|       | 10.3.1 数字电压计项目的数模转换接口扩展的概要设计 | 203 |
|       | 10.3.2 硬件电路的概要设计 | 204 |
|       | 10.3.3 软件程序的概要设计 | 204 |
| 10.4 | 项目详细设计 | 205 |
|       | 10.4.1 硬件电路的详细设计 | 205 |
|       | 10.4.2 软件程序的详细设计 | 205 |
| 10.5 | 项目实施 | 207 |
|       | 10.5.1 硬件电路的实施 | 207 |
|       | 10.5.2 软件程序的实施 | 208 |
| 10.6 | 项目仿真 | 210 |
| 10.7 | 项目小结 | 210 |
| 10.8 | 理论训练 | 212 |

附录 A  AT89C51 单片机的特殊功能寄存器 ································ 213

附录 B  reg51.h 文件 ································ 217

附录 C  C51 语言的库函数 ································ 219

参考文献 ································ 224

# 基础项目篇

# 单片机开发环境的使用

**知识目标**

掌握单片机开发流程

**能力目标**

1. 能够使用 Keil 软件完成基本操作
2. 能够使用 Proteus 软件完成基本操作
3. 能够完成 Keil 软件和 Proteus 软件的联调

---

单片机是一种集成电路芯片,采用超大规模集成电路技术,把具有数据处理能力的中央处理器 CPU、随机存储器 RAM、只读存储器 ROM、多种 I/O 口和中断系统、定时器/计时器等功能集成到一块芯片上,从而构成一个小而完善的微型计算机系统。

开发环境,也称为软件开发环境(Software Development Environment,SDE),是指在基本硬件和宿主软件的基础上,为支持系统软件和应用软件的工程化开发、维护而使用的一组软件,简称 SDE。它由软件工具和环境集成机制构成,前者用以支持软件开发的相关过程、活动和任务,后者为工具集成和软件的开发、维护及管理提供统一的支持。软件开发环境的主要组成部分是软件工具。

单片机的开发环境,就是在单片机硬件的基础上进行开发时,使用软件工具来构建起来的开发环境。

本书选择常用的 ATMEL 公司的 AT89C51 单片机作为开发的硬件基础。

本书选择常用的开发软件(Proteus 7.8 软件)搭建 AT89C51 单片机的开发环境(Keil C51 μvision4 开发环境)。

## 1.1 项目要求与分析

### 1.1.1 项目要求

根据单片机开发环境的说明，要求项目完成以下内容。

（1）使用 Proteus 软件绘制原理图，AT89C51 单片机的 P1.0 端口连接 1 个 LED 灯。

（2）使用 Keil 软件新建工程、编辑文件、编译文件，生成目标文件。

（3）完成 Keil 软件和 Proteus 软件的联调，实现点亮 P1.0 端口连接的 LED 灯。

### 1.1.2 项目要求分析

根据项目要求的内容，需要满足以下要求，才可以完成项目的设计。

（1）硬件功能要求：系统由单片机和 LED 灯组成，完成单片机和 LED 灯的连接。

（2）软件功能要求：完成点亮 LED 灯的软件控制功能。

（3）环境要求：由 Proteus 软件和 Keil 软件构建。

为了实现上述要求，应该掌握单片机的开发流程，并明确操作步骤和每个步骤的作用，并应该具备以下能力。

（1）能够使用 Proteus 软件实现硬件功能要求。

（2）能够使用 Keil 软件实现软件功能要求。

（3）能够使用 Keil 软件和 Proteus 软件的联调开发环境完成整个项目设计。

## 1.2 项目实施

### 1.2.1 单片机的开发流程

使用 Keil 和 Proteus 软件进行单片机的开发，具体流程如下。

**1．项目要求分析**

在进行项目开发之前，首先明确项目要求，然后针对项目要求进行分析，解决项目"系统必须做什么"的问题。

（1）硬件功能要求：为了实现项目要求，系统硬件电路框图有什么功能？组成是什么？

（2）软件功能要求：为了实现项目要求，系统的软件程序有什么功能？

（3）环境要求：为了实现项目要求，系统的开发环境要求是什么？

为了实现上述功能要求，需要进一步明确必备的相关知识和能力，包括掌握的知识内容和具有的能力。

**2．项目概要设计**

完成项目要求分析后，已经知道"做什么"，要进一步解决项目"大致怎么做"的问题。

（1）项目的系统概要设计：根据项目要求明确项目系统的框图，明确系统的软件功能。

（2）项目的硬件电路概要设计：根据系统的框图明确硬件电路的概要设计。

（3）项目的软件程序概要设计：根据系统的软件功能明确软件程序的概要设计。

### 3．项目详细设计

完成项目概要设计后，已经知道"大致怎么做"，还需要进一步解决项目"具体怎么做"的问题。

（1）项目的硬件电路详细设计：根据硬件电路的概要设计，具体明确硬件电路的详细设计，如端口使用、实际电路连接等。

（2）项目的软件程序详细设计：根据软件程序的概要设计，具体明确软件程序的详细设计，如程序流程及流程图说明等。

### 4．项目实施

完成项目详细设计后，已经知道"具体怎么干"，需要进一步"实施"，按照设计实现项目要求。

（1）使用 Proteus 软件完成硬件电路的设计：根据硬件电路的详细设计，使用 Proteus 软件具体绘制硬件电路的原理图。

（2）使用 Keil 软件完成软件程序的设计：根据软件程序的详细设计，使用 Keil 软件具体编辑软件程序的代码。

（3）Proteus 软件和 Keil 软件进行联调：将软件程序代码下载到硬件电路中运行。

### 5．项目仿真与调试

完成项目实施后，需要进一步通过仿真结果确认"项目要求是否达到"。在项目仿真的过程中，可以针对硬件电路和软件程序调试，检查硬件电路工作情况是否符合项目要求，检查软件程序是否完成项目要求。如果没有完成项目要求，需要反复调试硬件和软件。单片机的开发流程图如图 1-1 所示。

## 1.2.2 Keil C51 软件简介

Keil C51 软件是美国 Keil Software 公司出品的 51 系列兼容单片机 C 语言软件开发系统。Keil C51 软件提供了包括 C 编译器、宏汇编、连接器、库管理和一个功能强大的仿真调试器等在内的完整开发方案，通过一个集成开发环境（μVision）将这些部分组合在一起。

### 1．Keil C51 μVision4 软件的主界面

Keil C51 μVision4 软件启动后的主界面如图 1-2 所示。

主界面包括标题栏、菜单栏、工具栏、工程窗口、编辑窗口和信息输出窗口等部分组成。

（1）标题栏：标题栏中显示当前工程的路径和工程名。

（2）菜单栏：菜单栏主要由【文件】、【编辑】、【视图】、【工程】、【闪存】、【调试】等子菜单组成。

（3）工具栏：工具栏中包含了常用命令的快捷图标。

（4）工程窗口：用于显示当前工程中所有相关的资源文件。

（5）编辑窗口：用于编辑程序文本文件，包括源文件和头文件等。

（6）信息输出窗口：输出编译中出现的警告、错误等，同时给出警告和错误的具体原因。

### 2．Keil C51 μVision4 软件的菜单

1）文件菜单

Keil C51 μVision4 软件的【文件】菜单如图 1-3 所示。【文件】菜单主要包括新建、打开、关闭、保存、另存为、全部保存、设备数据库、授权管理、打印设置和打印等子菜单。

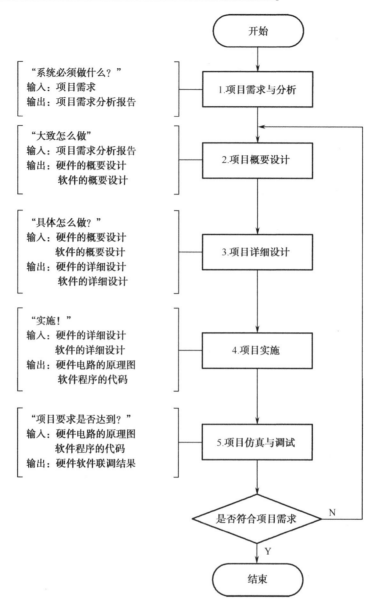

图 1-1　单片机的开发流程图

　　【文件】菜单主要完成有关文件的打开、新建、保存和打印等操作。其中,【新建】子菜单用于创建新文档;【打开】子菜单用于打开存在的文件;【关闭】子菜单用于关闭当前文档;【保存】子菜单用于保存当前文档;【另存为】子菜单用于使用新名称保存激活的文档;【全部保存】子菜单用于保存全部打开的文件;【设备数据库】子菜单用于显示选择不同厂商的器件库;【授权管理】子菜单用于产品许可证管理,包括使用期限和代码长度限制;【打印设置】子菜单用于更改打印机和打印选项,例如设置打印纸张大小等信息;【打印】子菜单用于打印当前文档;【打印预览】用于全屏显示打印预览;【退出】子菜单用于退出 μVision 并保存已修改的文档。

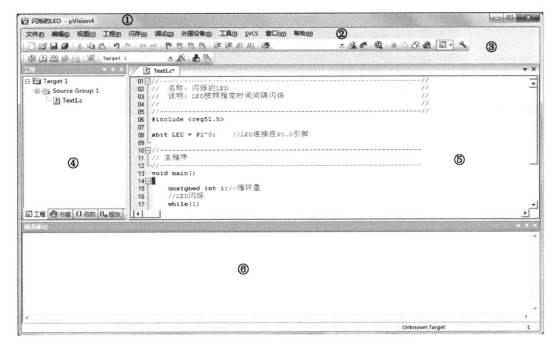

图 1-2　Keil C51 μVision4 软件启动后的主界面

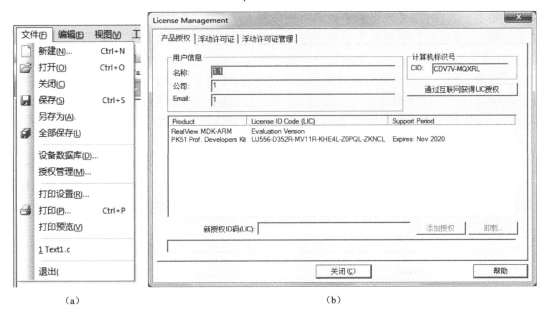

（a）　　　　　　　　　　　　　　　（b）

图 1-3　Keil C51 μVision4 软件的【文件】菜单

2）【编辑】菜单

Keil C51 μVision4 软件的【编辑】菜单如图 1-4 所示。【编辑】菜单主要包括【撤销】、【恢复】、【剪切】、【复制】、【粘贴】、【查找】、【替换】、【批量查找】、【高级】和【配置】等子菜单。

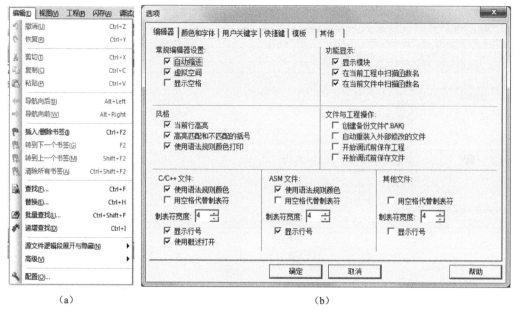

图 1-4　Keil C51 µVision4 软件的【编辑】菜单

　　【编辑】菜单主要用于完成文件的修改、编辑、查找和替换等操作。其中，【撤销】子菜单用于取消上一次操作；【恢复】子菜单用于重复上次操作；【剪切】子菜单用于将所选内容剪切至剪贴板；【复制】子菜单用于将所选内容复制到剪贴板；【粘贴】子菜单用于粘贴剪贴板中内容；【查找】子菜单用于完成在当前激活的文件中查找相关内容；【替换】子菜单用于在当前激活的文档中查找相关内容并替换成指定内容；【批量查找】子菜单用于在当前工程目录下的指定文件类型的所有文件中查找相关内容；【高级】子菜单用于高级别操作，例如，转到指定行，将所选文本转换成大写或小写，将选定行转换成文字注释或取消；【配置】子菜单用于配置 µVision。

　　3）【视图】菜单

　　Keil C51 µVision4 软件的【视图】菜单如图 1-5 所示。【视图】菜单主要包括【状态栏】、【工具栏】、【工程窗口】、【函数窗口】、【资源浏览器窗口】、【编译输出窗口】、【批量文件查找窗口】等子菜单。

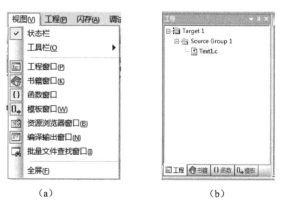

图 1-5　Keil C51 µVision4 软件的【视图】菜单

【视图】菜单主要用于完成主界面显示等操作。其中,【状态栏】子菜单用于切换显示/不显示状态栏;【工具栏】子菜单用于切换显示/不显示工具栏,工具栏包括文件工具栏和编译工具栏;【工程窗口】子菜单用于切换显示/不显示工程窗口,工程窗口用于显示工程所包含的资源;【函数窗口】子菜单用于切换显示/不显示函数窗口,函数窗口用于显示工程中的函数;【编译输出窗口】子菜单用于切换显示/不显示编译输出窗口;【批量文件查找窗口】子菜单用于切换显示/不显示批量文件查找窗口;【全屏】子菜单用于将文本编辑窗口全屏显示。

4)【工程】菜单

Keil C51 μVision4 软件的【工程】菜单如图 1-6 所示。【工程】菜单主要包括【新建工程】、【打开工程】、【关闭工程】、【为目标'Target1'选择设备】、【为目标'Target1'设置选项】、【编译】、【编译全部文件】等子菜单。

(a)工程菜单　　　　　　　　(b)【为目标'Target1'设置选项】子菜单

图 1-6　Keil C51 μVision4 软件的【工程】菜单

【工程】菜单主要用于完成工程管理等操作。其中,【新建 μVision 工程】子菜单用于创建新的 μVision 工程;【工程工作组】子菜单用于创建一个多项目的工作区;【打开工程】子菜单用于用于打开 μVision 工程;【关闭工程】子菜单用于关闭当前工程并立即保存已修改的文档;【输出】子菜单用于将活动工程导出为 μVision3 格式,或将多项目工作区导出为 μVision3 格式;【为目标'Target1'选择设备】子菜单用于为当前工程选择设备;【为目标'Target1'设置选项】子菜单用于设置当前工程的选项,包括输出和调试等设置;【编译】子菜单用于编译文件并生成可执行文件;【编译全部文件】子菜单用于编译当前工程中所有的文件并生成可执行文件。

5)【调试】菜单

Keil C51 μVision4 软件的【调试】菜单如图 1-7 所示。【调试】菜单主要包括【启动/停止仿真调试】、【复位】、【运行】、【停止】、【单步步入】、【单步步过】、【步出】、【运行到光标处】、【断点】、【插入/删除断点】、【启用/禁用断点】、【禁用全部断点】、【清除全部断点、存储器映像】和【调试设置】等子菜单。

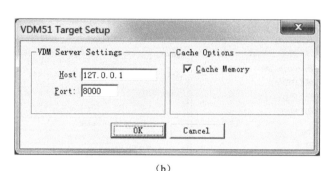

(a)　　　　　　　　　　　　　　(b)

图 1-7　Keil C51 μVision4 软件的【调试】菜单

【调试】菜单主要用于完成调试操作。其中，【启动/停止仿真调试】子菜单用于切换启动/停止 Keil 和 Proteus 的调试仿真模式；【复位】子菜单用于复位硬件设备；【运行】子菜单用于开始执行程序；【停止】子菜单用于停止当前程序的运行；【单步步入】子菜单用于步入当前行程序语句；【单步步过】子菜单用于跳过当前行程序语句；【步出】子菜单用于跳出当前函数；【运行到光标处】子菜单用于将程序运行到光标指定的程序语句处并停止运行；【断点】子菜单用于断点控制；【插入/删除断点】子菜单用于在当前程序语句处插入断点，也可以删除插入的断点；【启用/禁用断点】子菜单用于禁用插入的断点，也可以再次启用；【禁用全部断点】子菜单用于禁用全部存在的断点，断点还存在，只是断点不起作用；【清除全部断点】子菜单用于清除全部存在的断点，所有断点均不存在。【存储器映像】子菜单用于配置存储器映像；【执行分析】子菜单用于打开设置分析窗口；【内联汇编】子菜单用于显示内联汇编窗口；【函数编辑器】子菜单用于在函数编辑窗口打开 ini 文件；【调试设置】子菜单设置调试。

6）【闪存】菜单

Keil C51 μVision4 软件的【闪存】菜单如图 1-8 所示。【闪存】菜单主要包括【下载】、【擦除】和【配置闪存工具】等子菜单。

【闪存】菜单主要用于完成闪存的下载和擦除等操作。其中，【下载】子菜单用于下载代码至 FLASH 存储器；【擦除】子菜单擦除 FLASH 存储器；【配置闪存工具】子菜单用于配置 FLASH 编程工具。

7）【外围设备】菜单

Keil C51 μVision4 软件的【外围设备】菜单如图 1-9 所示。【外围设备】菜单只有在调试过程中有效。

项目一 单片机开发环境的使用

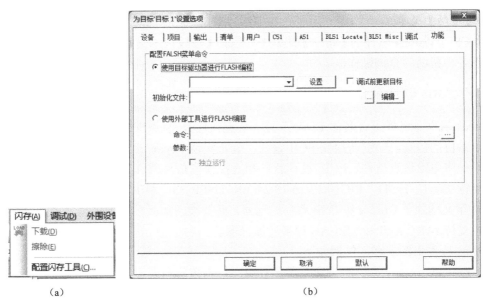

图 1-8　Keil C51 μVision4 软件的【闪存】菜单

【外围设备】菜单用于显示 I/O 口，定时器，中断，串口等外围设备状态。【Interrupt】子菜单用于观察单片机的中断；【I/O-Ports】子菜单用于观察单片机的 I/O 端口；【Serial】子菜单用于观察单片机的串口；【Timer】子菜单用于观察单片机的定时器。

8）【工具】菜单

Keil C51 μVision4 软件的【工具】菜单如图 1-10 所示。【工具】菜单主要包括【设置 PC-Lint】、【Lint】、【Lint 全部 C 文件】、【自定义工具菜单】等子菜单。

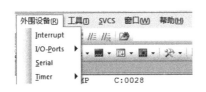　　　　

图 1-9　Keil C51 μVision4 软件的外围设备菜单　　图 1-10　Keil C51 μVision4 软件的【工具】菜单

【工具】菜单用于显示 I/O 口、定时器、中断、串口等外围设备状态。【设置 PC-Lint】子菜单用于设置 PC-Lint 程序；【Lint】子菜单用 PC-Lint 处理当前文件；【Lint 全部 C 文件】子菜单用 PC-Lint 处理 C 源代码文件；【自定义工具菜单】子菜单用于添加用户程序到工具菜单中。

9）【SVCS】菜单

Keil C51 μVision4 软件的【SVCS】菜单主要用于配置软件版本。

10）【窗口】菜单

Keil C51 μVision4 软件的【窗口】菜单主要包括【窗口复位】、【拆分窗口】和【关闭全部窗口】等子菜单。其中，【窗口复位】子菜单用于将窗口复位到初始状态；【拆分窗口】子菜单用于将所有打开的窗口拆分；【关闭全部窗口】子菜单用于将所有打开的窗口关闭。

11)【帮助】菜单

Keil C51 μVision4 软件的【帮助】菜单主要包括【在线技术支持】、【联系支持】等子菜单，用于提供各种帮助的查询操作。

### 1.2.3 Proteus 软件简介

Proteus 软件是世界上著名的 EDA 工具（仿真软件），从原理图布图、代码调试到单片机与外围电路协同仿真，一键切换到 PCB 设计，真正实现了从概念到产品的完整设计，是目前世界上唯一将电路仿真软件、PCB 设计软件和虚拟模型仿真软件三合一的设计平台。其处理器模型支持 8051、HC11、PIC10/12/16/18/24/30、DSPIC33、AVR、ARM、8086 和 MSP430 等，2010 年又增加了 Cortex 和 DSP 系列处理器，并持续增加其他系列处理器模型。在编译方面，它也支持 IAR、Keil 和 MPLAB 等多种编译器。

Proteus 软件资源丰富，包括如下。

（1）Proteus 软件可提供的仿真元器件资源：仿真数字和模拟、交流和直流等数千种元器件，有 30 多个元件库。

（2）Proteus 软件可提供的仿真仪表资源：示波器、逻辑分析仪、虚拟终端、SPI 调试器、I2C 调试器、信号发生器、模式发生器、交直流电压表、交直流电流表。

（3）除了现实存在的仪器外，Proteus 软件还提供了一个图形显示功能，可以将线路上变化的信号，以图形的方式实时地显示出来，其作用与示波器相似，但功能更多。

（4）Proteus 软件可提供的调试手段 Proteus 提供了比较丰富的测试信号用于电路的测试。这些测试信号包括模拟信号和数字信号。

使用 Proteus 软件时，只要在 Proteus 软件绘制好原理图后，调入已编译好的目标代码文件（*.HEX 文件），可以在 Proteus 软件的原理图中看到模拟的实物运行状态和过程。

Proteus 7 Professional 软件中包括以下两个重要的软件。

（1）ISIS Professional 软件（智能原理图输入系统）：系统原理图设计与仿真的基本平台。

（2）ARES Professional 软件（高级 PCB 布线编辑软件）：系统 PCB 设计与仿真的平台。

#### 1. Proteus7.8 的 ISIS Professional 软件的主界面

Proteus7.8 的 ISIS Professional 软件启动后的主界面如图 1-11 所示。

主界面中包括标题栏、菜单栏、工具栏、预览窗口、原理图编辑窗口、器件选择窗口、模型选择工具栏、方向工具栏和仿真按钮等部分组成。

（1）标题栏：标题栏中显示当前模型的路径和工程名。

（2）菜单栏：菜单栏主要由【文件】、【查看】、【编辑】、【工具】、【设计】、【绘图】、【源代码】、【调试】、【库】、【模板】、【系统】和【帮助】等菜单组成。

（3）工具栏：工具栏中包含了常用命令的快捷图标。

（4）预览窗口：用于显示当前所选择的的元器件，也可以显示整张原理图的缩略图。

（5）原理图编辑窗口：用于绘制原理图。

（6）器件选择窗口：用于选择元件，其中【P】按钮用于从库中选择元器件，【L】按钮是用于选择库。

（7）模型选择工具栏：用于选择 Proteus 提供的不同模型，包括元件、连接点、文本、标签、信号发生器、电压探针、虚拟仪表等模型。

（8）方向工具栏：用于对当前选择的元器件进行方向控制，包括旋转和镜像。
（9）仿真工具栏：用于控制和 Keil 联调的仿真过程，包括运行、停止、暂停等联调过程。

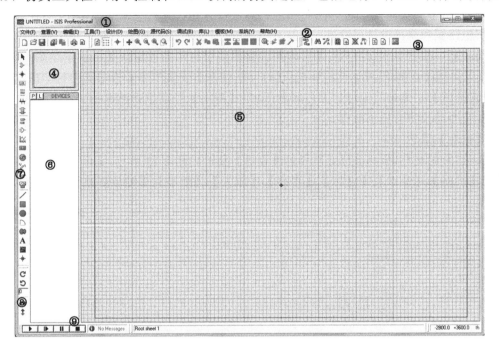

图 1-11  Proteus7.8 的 ISIS Professional 软件启动后的主界面

## 2．Proteus7.8 的 ISIS Professional 软件的菜单

1）【文件】菜单

Proteus7.8 的 ISIS Professional 软件的【文件】菜单如图 1-12 所示。【文件】菜单主要包括【新建设计】、【打开设计】、【保存设计】、【另存为】、【保存为模板】、【打印】、【打印机设置】等子菜单。

(a)【文件】菜单　　　　　　　　(b)【打印机设置】子菜单

图 1-12  Proteus7.8 的 ISIS Professional 软件的【文件】菜单

【文件】菜单主要完成有关设计的打开、新建、保存和打印等操作。其中,【新建设计】子菜单用于新建一个电路原理图设计文件;【打开设计】子菜单用于打开一个已有电路设计文件;【保存设计】子菜单用于将电路图和全部参数保存在打开的电路文件中;【另存为】子菜单用于将电路图和全部参数另存在一个电路文件中;【保存为模板】子菜单用于将当前设计文件保存为模板,供其他设计使用;【打印】子菜单用于打印当前窗口显示的电路图;【打印机设置】子菜单用于选择/设置当前打印机;【打印机信息】子菜单用于查看当前打印机的诊断信息;【设置区域】子菜单用于标记要打印的区域;【退出】子菜单直接退出 Proteus ISIS 软件,如果设计有改动,将会提示保存。

2)【查看】菜单

Proteus7.8 的 ISIS Professional 软件的【查看】菜单如图 1-13 所示。【查看】菜单主要包括【重画】、【网格】、【原点】、【光标】、【平移】、【放大】、【缩小】、【缩放到整图】和【工具条】等子菜单。

(a)【查看】菜单　　　　(b)【显示/隐藏工具】子菜单

图 1-13　Proteus7.8 的 ISIS Professional 软件的【查看】菜单

【查看】菜单主要完成查看原理图,包括放大、缩小等操作。其中,【重画】子菜单用于重画原理图编辑窗口和预览窗口;【网格】子菜单用于使能/禁止原理图网格点显示;【原点】子菜单用于使能/禁止原理图中人工原点设定;【光标】子菜单用于使能/禁止 X 光标;【平移】子菜单用于平移当前原理图,以光标位置为中心显示;【放大】子菜单用于放大电路到原来的两倍;【缩小】子菜单用于缩小电路到原来的 1/2;【工具条】子菜单用于配置工具栏的可见性。

【Snap 10th】子菜单用于表示捕捉栅格的精度,即元件每次移动的最小距离,单位为 10 毫英寸。【Snap 50th】子菜单表示捕捉栅格的精度单位为 5 毫英寸;【Snap 0.1in】子菜单表示捕捉栅格的精度单位为 0.1 英寸;【Snap 0.5in】子菜单表示捕捉栅格的精度单位为 0.5 英寸。

3)【编辑】菜单

Proteus7.8 的 ISIS Professional 软件的【编辑】菜单如图 1-14 所示。【编辑】菜单主要包括【撤销】、【重做】、【查找并编辑器件】、【剪切】、【复制】、【粘贴】、【对齐】、【置于下层】、【清理】等子菜单。

【编辑】菜单主要完成有关原理图复制、剪切和粘贴等操作。其中,【撤销】子菜单用于撤销最近一次操作,恢复上一次删除的内容;【重做】子菜单用于重做最近撤销的操作;【查找并编辑器件】子菜单用于在原理图中查找指定的器件并编辑;【剪切】子菜单用于将选中的元件、连线或块剪切入剪贴板;【复制】子菜单用于将选中的元件、连线或块剪切入剪贴板;【粘贴】子菜单用于将剪贴板中的内容粘贴到电路图中;【对齐】子菜单用于原理图中所选择的元器件的对齐,包括左边界对齐、右边界对齐、垂直中心对齐、水平中心对齐、顶部对齐和底部对齐,具体如图 1-15 所示。

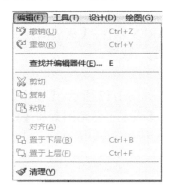
图 1-14  Proteus7.8 的 ISIS Professional 软件的编辑菜单

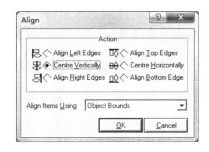
图 1-15 【对齐】子菜单

4)【工具】菜单

Proteus7.8 的 ISIS Professional 软件的【工具】菜单如图 1-16 所示。【工具】菜单主要包括【实时标注】、【自动连线】、【查找并选中】、【属性设置工具】、【全局标注】、【材料清单】等子菜单。

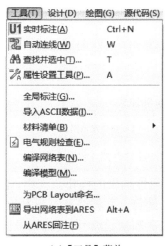
(a)【工具】菜单

(b)【属性设置工具】子菜单

图 1-16  Proteus7.8 的 ISIS Professional 软件的【工具】菜单

【工具】菜单主要完成有关原理图标注、连线和属性设置等操作。其中,【实时标注】子菜单用于使能/禁止实时元件标注;【自动连线】子菜单用于使能/禁止自动连线器;【查找并选中】子菜单用于在原理图中根据属性的匹配查找指定的器件并选中;【属性设置工具】子菜单是通用属性管理工具,用于批量分配设置元器件的属性,其中,字符串是指属性及属性关键字,即当前属性,计数值是指关键字的计数初值,默认值为 0,增量是指属性分配增量,默认值为 1;【全局标注】子菜单用于在设计中标注元件的参考注释;【导入 ASCII 数据】子菜单用于从 ADI 文件导入并赋予器件属性;【材料清单】子菜单用于生成材料清单报告,输出原理图中元器件的材料清单;【电气规则检查】子菜单用于检查原理图的电气连接,生成电气规则检查报告;【编译网络表】子菜单用于生成当前设计原理图中所有元器件的网络列表;【编译模型】子菜单用于生成当前设计的模型格式列表;【为 PCB Layout 命名】子菜单用于为新建的 PCB 文件命名;【导出网络表到 ARES】子菜单用于从 ISIS 软件中导出原理图的网络表到 ARES 软件中,便于绘制 PCB,实现从 ISIS 软件一键进入 ARES 软件;【从 ARES 回注】子菜单用于从 ARES 软件回注到 ISIS 软件,便于保证两个软件的一致性。

5)【设计】菜单

Proteus7.8 的 ISIS Professional 软件的【设计】菜单如图 1-17 所示。【设计】菜单主要包括【编辑设计属性】、【编辑页面属性】、【编辑设计注释】、【设定电源范围】和【新建页面】等子菜单。

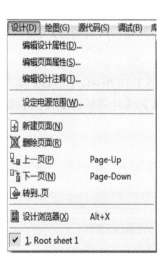

(a)【设计】菜单　　　　　　　　　　(b)【设定电源范围】子菜单

图 1-17　Proteus7.8 的 ISIS Professional 软件的【设计】菜单

【设计】菜单主要完成有关原理图文件和页面属性编辑的操作。其中,【编辑设计属性】子菜单用于编辑一般设计属性,如设计文件名称、题目、文档编号、版本和作者等信息;【编辑页面属性】子菜单用于编辑当前页面的标题、名称和初始编号;【编辑设计注释】子菜单用于显示/编辑设计文件的注释;【设定电源范围】子菜单用于设置电源的名称、电压值、种类和网络连接;【新建页面】子菜单用于新建一个新的根页面;【删除页面】子菜单用于删除当前页面;【上一页】子菜单用于转到设计的前一个根页面或子页面;【下一页】子菜单用于转到设计的下一个根页面或子页面;【转到..页】子菜单用于转到设定的根页面或层次子页面;【设计浏览器】子菜单用于使用设计浏览器浏览设计数据库;【1.Root sheet 1】子菜单用于直接切换到已命名的根页面。

6）【绘图】菜单

Proteus7.8 的 ISIS Professional 软件的【绘图】菜单如图 1-18 所示。【绘图】菜单主要包括【编辑图表】、【添加图线】、【仿真图表】、【查看日志】、【导出数据】、【清除数据】和【一致性分析（所有图表）】等子菜单。

图 1-18　Proteus7.8 的 ISIS Professional 软件的【绘图】菜单

【绘图】菜单主要完成有关电路仿真图表数据的操作。其中，【编辑图表】子菜单用于显示当前图表的"编辑图表"对话框；【添加图线】子菜单用于手动添加图线或添加所有选中的探针/激励源到图表；【仿真图表】子菜单用于运行当前图表仿真；【查看日志】子菜单用于查看当前图表的日志文件；【导出数据】子菜单用于数据导出到文件；【清除数据】子菜单用于清除图表数据；【一致性分析（所有图表）】子菜单用于在设计中校验一致性图表中的所有数据；【批模式一致性分析】子菜单用于在多个设计中校验一致性图表。

7）源代码菜单

Proteus7.8 的 ISIS Professional 软件的【源代码】菜单如图 1-19 所示。【源代码】菜单主要包括【添加/删除源文件】、【设定代码生成工具】、【设置外部文本编辑器】和【全部编译】等子菜单。

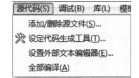

图 1-19　Proteus7.8 的 ISIS Professional 软件的【源代码】菜单

【源代码】菜单主要完成有关原理图放大缩小等操作。其中，【添加/删除源文件】子菜单用于为设计添加/删除源文件，设定目标 CPU 处理器、代码生成工具和源代码文件名；【设定代码生成工具】子菜单用于添加/删除代码生成工具；【设置外部文本编辑器】子菜单用于改变查看源文件的文本编辑器，设定外部代码编辑器的可执行文件名称和打开保存命令；【全部编译】子菜单用于全部编译所有包含的源文件。

8）【库】菜单

Proteus7.8 的 ISIS Professional 软件的【库】菜单如图 1-20 所示。【库】菜单主要包括【拾取元件/符号】、【制作元件】、【制作符号】、【编译到库中】、【校验封装】和【库管理器】等子菜单。

【库】菜单主要完成有关元件库的操作。其中，【拾取元件/符号】子菜单用于从元件库中选取元件、终端、引脚、端口和图形符号；【制作元件】子菜单用于将选中的图形/引脚编译成元器件并入库；【制作符号】子菜单用于将选中的图形组成符号、引脚、终端等，并放置入库；【封装工具】子菜单用于启动可视化封装工具；【分解】子菜单用于将选中的对象拆解成原型；【编译到库中】子菜单用于将放置的元器件编译到指定元件库中；【自动放置库文件】子菜单用于自动将元件库作为设计放置，设置元器件库自动放置目录；【校验封装】子菜单用于在当前原理图中校验放置元器件的封装；【库管理器】子菜单用于打开库管理器对话框，运行库管理工具。

9）【调试】菜单

Proteus7.8 的 ISIS Professional 软件的【调试】菜单如图 1-21 所示。【调试】菜单主要包括【开始/重新启动调试】、【暂停仿真】、【停止仿真】、【执行】、【不加断点执行】、【执行指定时间】等子菜单。

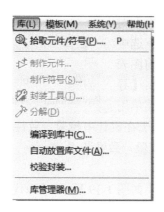

图 1-20 Proteus7.8 的 ISIS Professional 软件的【库】菜单

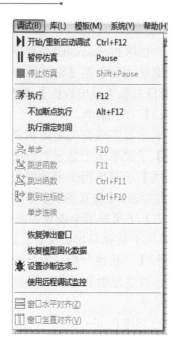

图 1-21 Proteus7.8 的 ISIS Professional 软件的【调试】菜单

【调试】菜单主要完成有关电路调试操作。其中,【开始/重新启动调试】子菜单用于重新开始调试;【暂停仿真】子菜单用于将当前调试过程暂停;【停止仿真】子菜单用于将当前调试过程停止;【执行】子菜单用于调试运行;【不加断点执行】子菜单用于忽略断点运行;【执行指定时间】子菜单用于以设定的时间间隔运行仿真;【单步】子菜单用于单步跨越当前函数/子程序;【跳进函数】子菜单用于单步进入当前函数/子程序;【跳出函数】子菜单用于单步跃出当前函数/子程序;【跳到光标处】子菜单用于运行到当前光标位置;【恢复弹出窗口】子菜单用于恢复默认的弹出框颜色位置等信息;【恢复模型固化数据】子菜单用于将固化模型数据恢复到初始值;【设置诊断选项…】子菜单用于设置调试跟踪类别,设置仿真过程中记录的内容;【使用远程调试监控】子菜单用于使能和 Keil 软件远程连接调试。

10)【系统】菜单

Proteus7.8 的 ISIS Professional 软件的【系统】菜单如图 1-22 所示,主要完成系统属性的设置,包括显示当前使用 Proteus 软件系统信息、打开文本视图、设置元件清单的格式、设置界面显示选项、设置文件保存路径、设置图纸大小等信息。

【系统】菜单主要完成有关系统的设置操作。其中,【系统信息】子菜单用于显示 ISIS 设计和系统信息;【检查更新】子菜单用于查看互联网上是否有可用的 Proteus 软件新版本;【文本视图】子菜单用于重显示最近一次查看的文本(如网络表、

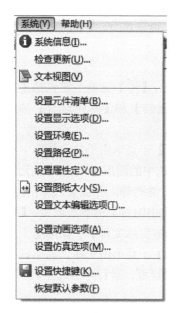

图 1-22 Proteus7.8 的 ISIS Professional 软件的【系统】菜单

编译错误、仿真日志等等);【设置元件清单】子菜单用于设置材料清单 BOM 文件的配置脚本;【设置显示选项】子菜单用于设置显示的模式、高亮控制等;【设置环境】子菜单用于设置一般和初始化 ISIS 环境;【设置路径】子菜单用于设置默认文件夹、模板文件夹、库文件夹、仿真模型和库文件夹和存放仿真结果的文件夹路径;【设置属性定义】子菜单用于添加/移除器件属性(PCB 封装、仿真模型参数等);【设置图纸大小】子菜单用于设置典型图纸尺寸大小,例如 A0、A1、A2、A3、A4 和自定义;【设置文本编辑选项】子菜单用于设置文本编辑器的字体和大小;【设置动画选项】子菜单用于设置动画电路,包括仿真速度、电压电流范围等;【设置仿真选项】子菜单用于仿真的绝对电压误差、绝对电流误差、充电误差和相对误差等;【设置快捷键】子菜单用于将当前系统配置保存到注册表;【恢复默认参数】子菜单用于恢复系统初始化参数。

11)【模板】菜单

Proteus7.8 的 ISIS Professional 软件的【模板】菜单如图 1-23 所示,主要完成有关电路模板的操作,包括设置设计的默认值、图形颜色、图形风格、文本风格、图形文本等信息。

【模板】菜单主要完成有关设计模板的图形和文本设置操作。其中,【跳转到主图】子菜单用于转到并编辑主(模板)页面;【设置设计默认值】子菜单用于设置设计和系统颜色;【设置图形颜色】子菜单用于设置图形和图线颜色;【设置图形风格】子菜单用于设置图形宽度、填充和颜色;【设置文本风格】子菜单用于设置对象标签的字体和大小;【设置图形文本】子菜单用于设置默认的图形文本的字体和大小;【设置连接点】子菜单用于设置连接点的大小和形状;【从其他设计导入风格】子菜单用于从另一个 ISIS 设计中导入图形和文本风格。

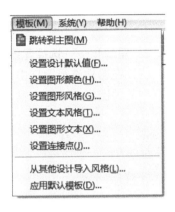

图 1-23  Proteus7.8 的 ISIS Professional 软件的【模板】菜单

12)【帮助】菜单

Keil C51 μVision4 软件的【帮助】菜单主要包括【在线技术支持】、【联系支持】等子菜单,用于提供各种帮助的查询操作。

### 1.2.4  Proteus 软件的使用流程

在整个开发过程中,Proteus 软件的作用是:完成单片机原理图设计,具体步骤如下。

**1. 第一步——新建设计**

(1)在 ISIS Professional 主界面选择【文件】→【新建设计】菜单命令,新建设计文件。

(2)在弹出的"新建设计"对话框中选中"DEFAULT",为新建的设计选择默认模板,然后单击【确定】按钮,如图 1-24 所示。

(3)在 ISIS Professional 主界面选择【文件】→【保存设计】菜单命令,保存新建设计文件。

(4)在弹出的"保存 ISIS 设计文件"对话框中的文件名框中输入"项目一",并选择设计文件保存路径,建议是 Keil 软件中建立的工程文件夹,单击【保存】按钮保存设计文件。

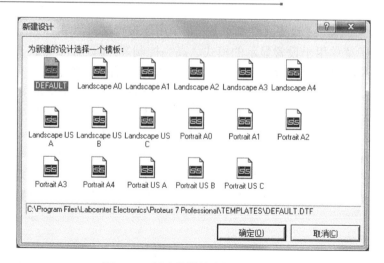

图 1-24  新建的设计选择缺省模板

**2．第二步——选择元器件**

（1）在器件选择窗口中单击【P】按钮，从库中选择元器件，在弹出的"Pick Device"对话框中的关键字文本框中输入元器件库参考名称，如"AT89C51"，如图 1-25 所示。

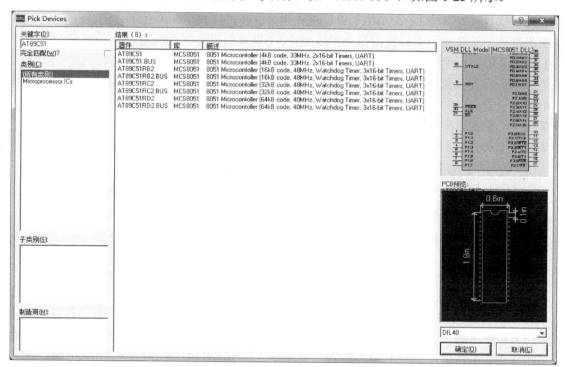

图 1-25  从库中选择元器件

（2）用鼠标在结果中选择"AT89C51"并双击，选择 AT89C51 元器件。
（3）按照上述过程，继续选择本项目所需要的元器件，具体如表 1-1 所示。

项目一 单片机开发环境的使用

表 1-1 项目一所使用的元器件清单

| 序 号 | 库参考名称 | 库 | 描 述 |
|---|---|---|---|
| 1 | AT89C51 | MCS8051 | 8051 Microcontroller |
| 2 | RES | DEVICE | Generic resistor symbol |
| 3 | LED-GREEN | ACTIVE | Animated LED Model(Green) |

（4）选择完成后，点击"确定"按钮，完成所有元器件的选择，并且在元器件列表中显示已经选择的元器件。

3．第三步——放置对象（包括元器件和电源终端）并布局

（1）放置元器件：从元器件列表中选中元器件，将鼠标移动至原理图编辑窗口，单击鼠标左键，可以看到一个元器件，通过移动鼠标确定放置位置，调整好元器件方向，再单击鼠标左键，放置元器件到原理图编辑窗口。

如果元器件的位置需要调整移动，可以将鼠标移动到该元器件上，单击鼠标右键，选中该元器件，此时元器件也变成红色，按下鼠标左键，拖动鼠标将元器件移动到合适位置，然后松开，完成元器件的移动。

如果需要删除元器件，则先选中元器件，双击鼠标右键就可以完成删除操作。

（2）放置电源终端：在原理图编辑窗口单击鼠标右键，在弹出的下拉菜单中选择【放置】→【终端】→【POWER】，放置电源终端至原理图合适位置，如图 1-26 所示。

图 1-26 放置电源终端至原理图

4．第四步——编辑修改元器件参数

先按鼠标右键选中对象，再按鼠标左键编辑（修改）元件参数。此处，只需要修改电阻

R1 的标称值为 100Ω 即可。

**5. 第五步——连接对象（包括元器件和电源终端）**

先移动鼠标至 U1 的 P1.0 端口处，鼠标指针会变成铅笔形状，且鼠标尖出现一个"×"号，表明找到 P1.0 的连接点，单击鼠标左键，再移动鼠标指 D1 元器件端口处，鼠标指针出现"×"号，表明找到 D1 的连接点，同时两个连接点之间出现粉色的连接线，再单击鼠标左键，粉色连接线变成深绿色，表明连接点之间的连接线成功放置，如图 1-27 所示。

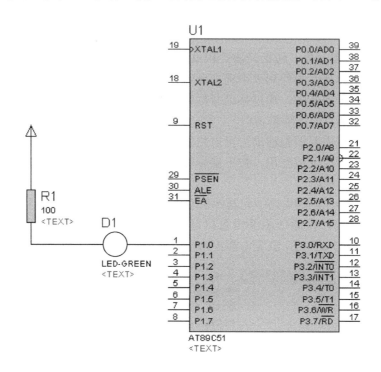

图 1-27　连接对象

## 1.2.5　Keil 软件的使用流程

在整个开发过程中，Keil C51 软件的作用是：完成单片机 C 语言程序的编辑、编译和连接工作。有关 Keil 软件的使用流程，具体步骤如下。

**1. 第一步——新建项目工程文件夹**

为本项目新建一个文件夹，名称为"项目一"，用于保存项目所有文件。

**2. 第二步——新建项目工程**

（1）在 Keil C51 主界面中，选择【工程】→【新建 μVision 工程】菜单命令，新建一个项目工程文件。

（2）在弹出的对话框的"文件名"框中输入"项目一"，然后单击"保存"按钮。

（3）在弹出的"为目标 1 选择设备"对话框中的"资料库目录"中选择 Atmel 厂商的 AT89C51 单片机芯片，为项目选择单片机硬件设备，然后单击"确定"按钮，如图 1-28 所示。

（4）在弹出的对话框中单击"是"按钮，将标准的 8051 启动代码复制到工程文件夹中，并添加文件到工程中；如果使用 C 语言编程选择是，汇编编程选择否，如图 1-29 所示。

项目一 单片机开发环境的使用

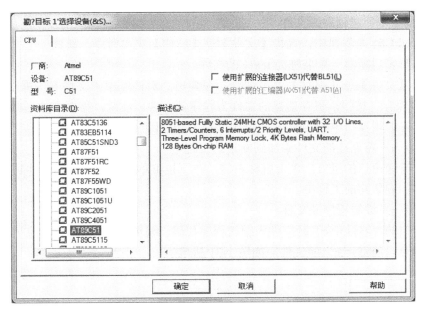

图 1-28 选择硬件设备

图 1-29 复制并添加标准 8051 启动代码至工程

（5）在工程管理窗口显示工程资源，其中 STARTUP.A51 文件就是添加的标准 8051 启动代码文件，如图 1-30 所示。

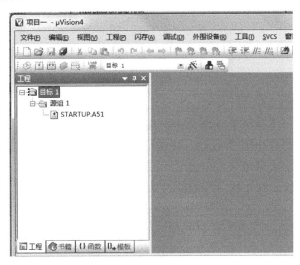

图 1-30 工程资源显示

### 3. 第三步——新建程序源文件

（1）在 Keil C51 主界面中，选择【文件】→【新建】菜单命令，新建一个文件。

（2）在编辑窗口新建一个名称为 text1 的文件。

（3）选择【文件】→【保存】菜单命令，在弹出的对话框中"文件名"框中输入"项目一.c"，单击"保存"按钮，保存新建的文件为程序源文件。注意，需要添加后缀"*.c"。

（4）原先在编辑窗口中的 Text 文件自动保存为"项目一.c"源文件。

### 4. 第四步——将新建的文件添加到新建的工程中

选择工程管理窗口的组 1，单击鼠标右键，在下拉菜单中选择"添加文件到源组 1"，将新建的文件添加到新建的工程中。

### 5. 第五步——编辑程序源文件

在编辑窗口的"项目一.c"源文件中编辑程序代码。编辑完成后，选择【文件】→【保存】菜单命令，保存"项目一.c"源文件，如图 1-31 所示。

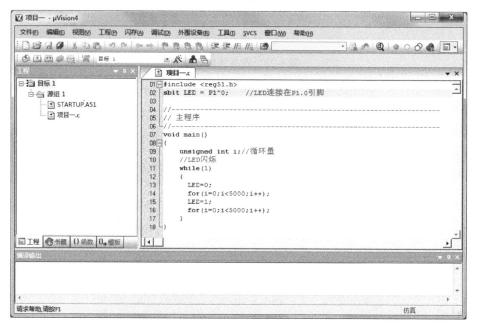

图 1-31　编辑程序源文件

### 6. 第六步——编译工程

（1）选择【工程】→【编译】菜单命令，编译项目工程。

（2）在编译输出窗口输出编译信息，先编译"项目一.c"文件，再连接，连接成功后，输出程序尺寸信息，并提示项目错误（Error）和警告（Warning）信息，如图 1-32 所示。

其中，编译输出的说明如下：

① 建立目标"目标 1"；

② 编译"项目一.c"；

③ 连接；

④ 程序尺寸：data 区=9 字节，xdata 区=0 字节，code 区=52 字节；

⑤ "项目一"工程：0 个错误，0 个警告。

项目一 单片机开发环境的使用

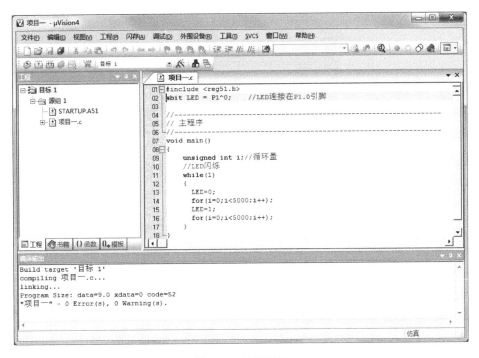

图 1-32 编译结果

## 1.2.6 Keil 软件和 Proteus 软件联调设计流程

有关 Keil 软件和 Proteus 软件联调，具体步骤如下。

### 1．第一步——Keil 软件环境设置

（1）选择【工程】→【为目标'Target1'设置选项】菜单命令。

（2）在弹出的【为目标'Target1'设置选项】菜单中，单击"调试"选项卡，在右侧"使用"单选钮后的下拉列表里选中"Proteus VSM Simulator"选项，并且还要选中"使用"单选钮，具体如图 1-33 所示。

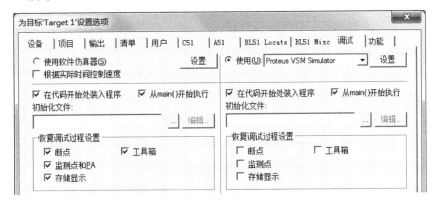

图 1-33 【目标'Target1'设置选项】菜单中的"调试"选项卡

（3）单击"设置"按钮，设置通信接口，在"Host"文本框中添加"127.0.0.1"，在"Port"文本框中添加"8000"，单击"OK"按钮，如图 1-34 所示。

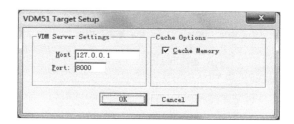

图 1-34  设置调试仿真的通信接口

（4）单击"输出"选项卡，选中"创建可执行文件"单选按钮，并勾选"产生 HEX 文件"选项，具体如图 1-35 所示。

图 1-35  【为目标'Target1'设置选项】菜单中的"输出"选项卡

（5）单击"确定"按钮，完成 Keil 软件环境设置，重新编译工程，按照上述设置，将会生成"项目一.hex"文件。

### 2．第二步——Proteus 软件环境设置

选择【调试】→【使用外部远程调试监控】菜单命令，允许外部 Keil 软件远程调试，具体如图 1-36 所示。

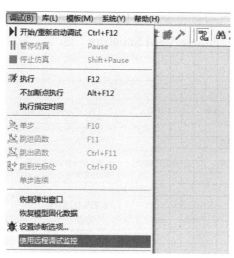

图 1-36  使用外部远程调试监控

### 3．第三步——Keil 软件和 Proteus 软件联调

（1）在 Keil 软件中，选择【调试】→【启动仿真调试】菜单命令，进入调试状态，具体如图 1-37 所示。

项目一　单片机开发环境的使用

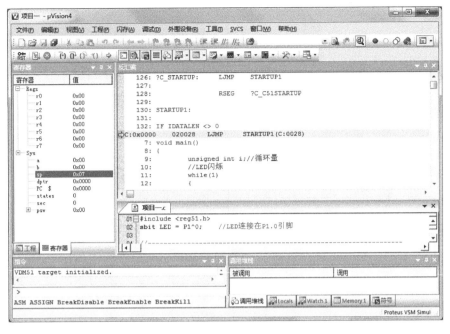

图 1-37　进入调试状态

（2）选择【调试】→【运行】菜单命令，运行程序，电路开始仿真。

### 4．第四步——查看运行结果

切换到 Proteus 软件，可以看到单片机管脚上有红色/蓝色的指示，表明单片机现在已经开始工作，引脚电压有高低电平之分，红色指示表明该引脚电压为高电平状态，蓝色指示表明该引脚电压为低电平状态。根据项目要求，查看 AT89C51 的 P1.0 端口连接的 LED 灯按一定间隔亮灭，具体如图 1-38 所示。

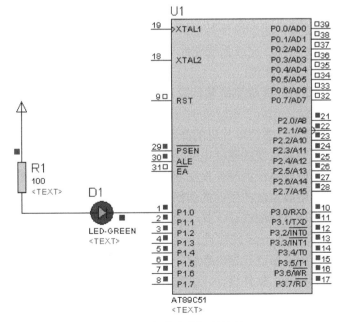

图 1-38　电路仿真运行结果

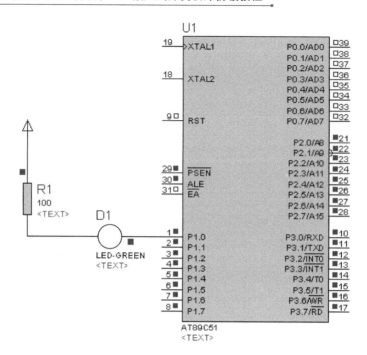

图 1-38　电路仿真运行结果（续）

从图 1-38 可以看出，LED 灯 D1 的正端接上拉电阻 R1，正端为高电平，根据 LED 灯单向导通的特性，如果 LED 灯 D1 的负端为低电平，则 LED 灯被点亮，如果 LED 灯 D1 的负端为高电平，则 LED 灯被熄灭。

## 1.3　项目小结

（1）通过本项目的实施，达到项目要求。

① 通过使用 Proteus 软件，完成系统硬件设计：硬件电路主要由 AT89C51 和 LED 组成，AT89C51 的 P1.0 端口和 LED 连接；

② 通过使用 Keil 软件，完成系统软件设计：能够控制端口寄存器实现点亮和熄灭 LED 灯的功能。

（2）通过本项目的实施，掌握单片机的开发流程：

① 项目需求分析：明确系统的硬件电路功能要求和软件的功能要求；

② 项目概要设计：明确系统的硬件框图和硬件功能，明确系统的软件功能；

③ 项目详细设计：明确系统的硬件的详细设计，明确系统的软件的详细设计；

④ 项目实施：根据项目详细设计，具体设计硬件原理图和软件程序代码；

硬件原理图设计：采用 Proteus 软件设计，大致经过新建设计、选择元器件、放置对象（包括元器件和电源终端）、编辑修改元器件参数、连接对象 5 个步骤。

软件代码设计：采用 Keil 软件设计，大致经过新建项目工程文件夹、新建项目工程、新建程序源文件、将新建源文件添加到项目工程中、编辑程序源文件、编译工程 6 个步骤。

⑤ 项目仿真与调试：完成项目设计后，还要仿真查看是否达到项目要求，需要反复调试，

直到最后实现项目要求。

硬件原理图和软件程序代码还要通过 Proteus 软件和 Keil 软件联调，大致经过 Keil 软件环境设置、Proteus 软件环境设置、Keil 软件和 Proteus 软件联调、查看运行结果 4 个步骤。

# 1.4　项目拓展

## 1.4.1　Keil C51 软件的编译错误的排除方法

在项目实施过程中，C51 源程序只有通过编译链接，没有错误时才有可能正确的运行。错误信息都会在信息输出窗口中输出，只有正确读懂错误信息，采用正确的排错方法，才可以快速的纠正程序中的错误。

采用举例的方法来具体说明查错排错的方法，具体实施步骤如下。

**1．第一步——“制造”错误**

（1）将程序语句“unsigned int i”注释掉，也就是取消变量 i 的声明，如图 1-39 所示。

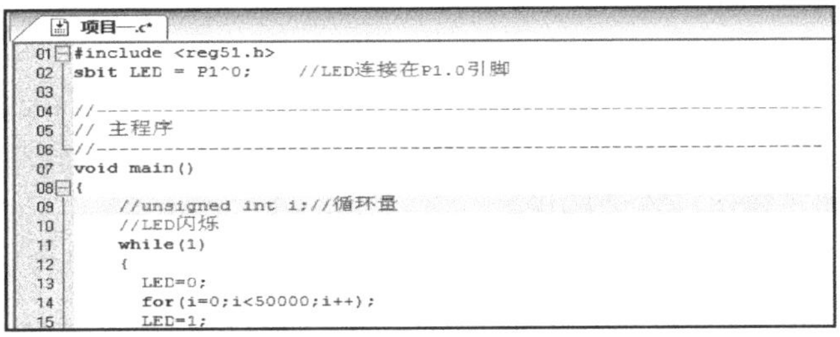

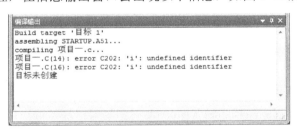

图 1-39　“制造”错误

（2）重新编译工程，在信息输出窗口会出现以下信息，如图 1-40 所示。

图 1-40　信息输出窗口输出的错误信息

信息提示，在编译“项目一.c”文件时出现了错误，目标未创建。对错误信息进行如下说明：

| 项目一.c | (14): | error | C202: | 'i': undefined identifier |
|---|---|---|---|---|
| ↑ | ↑ | ↑ | ↑ | ↑ |
| 有错误的文件名 | 文件中错误位置行号 | 错误类型（error/warning） | 错误号 | 错误原因 |

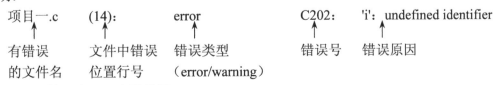

**2．第二步——查看错误**

（1）根据错误信息的说明，优先处理 error，并且从第一个 error 开始处理。

（2）快速找到错误位置：在信息输出窗口用鼠标左键双击第一条错误信息，在编辑窗口中,光标将自动跳转到出错的具体位置,并用箭头指向错误语句,高亮出错语句,如图 1-41 所示。

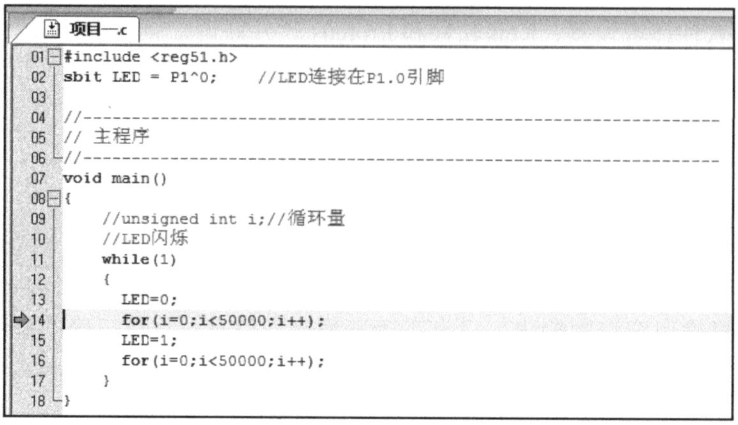

图 1-41　查看错误

### 3．第三步——分析错误原因

（1）根据错误信息的提示,当前程序语句出错的原因是其中变量 i 是一个未声明的变量,因此,查找变量 i 的声明,发现由于声明部分被屏蔽,也就是没有进行变量 i 的声明。

（2）在分析错误时,一定不能只看错误语句,往往要上下看,顺藤摸瓜的找出错误源。

### 4．第四步——纠正错误,重新编译

（1）打开"unsigned int i"注释,在变量 i 使用之前声明变量,修改完当前错误后,重新编译,发现之前编译出现的 2 个错误都得到解决,编译通过。

（2）排错有一定的技巧,一般每排除一个错误,就重新编译一次,因为一个编辑错误可能产生多个错误信息。

## 1.4.2　Keil 软件和 Proteus 软件联调的第二种方法

Keil 软件和 Proteus 软件联调的第二种方法是:在 Proteus 软件的原理图中的单片机中直接加载可执行源文件(*.hex 文件)。具体实施步骤如下。

### 1．第一步——选中单片机

在 Proteus 软件中,将鼠标移动到 AT89C51 上,单击鼠标左键,选中单片机。

### 2．第二步——加载可执行的源文件

（1）单击鼠标右键,在弹出的菜单中选中"编辑属性",如图 1-42 所示。

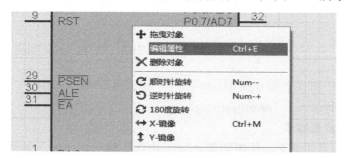

图 1-42　选择 AT89C51 元器件的"编辑属性"

（2）在弹出的"编辑元件"对话框中的"Program Files"框中，点击浏览按钮，在项目文件夹下找到并打开"项目一.hex"文件，如图 1-43 所示。

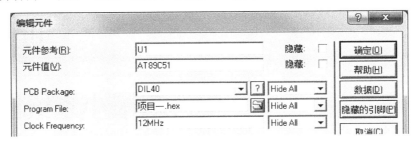

图 1-43　为 AT89C51 元器件添加可执行程序文件

（3）点击【确定】按钮，完成元件属性编辑，将"项目一.hex"文件加载到单片机内。

3．第三步——运行并查看结果

（1）在仿真按钮中点击运行按钮，程序开始运行，运行结果相同。

（2）在电路中有多个单片机情况下时，必须使用这种方法。

# 单片机最小系统的设计

**知识目标**

1. 掌握单片机的定义和组成
2. 掌握单片机的硬件资源
3. 掌握单片机的引脚
4. 掌握单片机的时钟电路和时序单位计算
5. 掌握单片机的复位方法和复位状态
6. 掌握单片机的内部程序存储器和单片机的内部数据存储器

**能力目标**

1. 能够举例说明身边的单片机
2. 能够阅读芯片资料并说明 AT89C51 单片机的基本硬件资源
3. 能够将 AT89C51 单片机引脚分类并说明
4. 能够设计 AT89C51 单片机的时钟电路并计算机器周期
5. 能够设计 AT89C51 单片机的复位电路并确定电路复位状态
6. 能够说明 AT89C51 单片机内部程序存储区的中断服务区
7. 能够说明 AT89C51 单片机内部数据存储区的组成

---

本项目主要设计单片机最小系统，是后续应用扩展项目的设计基础。

单片机最小系统，也称为单片机最小应用系统，是指单片机运转工作的最简单系统，用最少的元件设计而成的系统。对于单片机来说，最小系统一般应该包括以下部分。

（1）单片机：主要的控制应用芯片，是单片机最小系统的主体。
（2）电源电路：为单片机提供电源，是单片机运转工作的基础。
（3）时钟电路：为单片机提供基本的工作时钟，是单片机运转工作的时钟管理电路。
（4）复位电路：为单片机提供回到初始状态的电路，是单片机可以"重新开始"的电路。

## 2.1 项目要求与分析

### 2.1.1 项目要求

根据单片机最小系统的说明，要求项目设计以下内容。
（1）选择单片机芯片：选择易于开发、硬件资源足够的单片机。
（2）设计电源电路：能够提供使单片机工作正常且稳定的电源。
（3）设计时钟电路：能够提供易于控制且稳定的时钟。
（4）设计复位电路：在单片机上电和工作故障时，能够使单片机回到初始状态。

### 2.1.2 项目要求分析

根据上述有关项目需求分析的说明，现在对单片机最小系统的项目要求进行分析。
（1）硬件功能要求：电路由单片机芯片、电源电路、时钟电路和复位电路组成。系统硬件有电源控制功能、时钟控制功能和复位控制功能。

其中，最重要的问题是如何选择单片机芯片。通常，在选择之前，需要了解有关单片机的基础内容，包括：单片机的定义、单片机的组成、单片机的特点。然后根据选择单片机的依据进行选择，包括：单片机的硬件资源、单片机 I/O 端口的个数和功能等。然后再设计电源电路：可以进一步明确单片机芯片所需电源电压的要求，相关的 I/O 端口和硬件连接方法。再设计时钟电路：先确认时钟供给的方式，再确认时钟电路硬件连接方法和单片机常用的时序单位。最后设计复位电路：根据单片机芯片资料，确认单片机复位方法和典型电路。

目前，单片机的种类有很多，只有明确上述内容后，你才能选择合适的单片机进行项目设计。通过问题的分析，可以看出，问题解决的基本点在于选择单片机。只有选择好单片机，后续的电源电路、时钟电路和复位电路都可以根据芯片资料进行设计。

特别说明，本书选择典型的 ATMEL 公司的 AT89C51 单片机，后续项目的设计都是基于 AT89C51 单片机。
（2）环境要求：由 Proteus 软件独立完成设计。

## 2.2 项目理论知识

### 2.2.1 单片机简介

微型计算机的应用形态可以分成三种。
1）多板机（系统机）
将 CPU、存储器、I/O 接口电路和总线接口等组装在一块主机板（即微机主板）。各种适配板卡插在主机板的扩展槽上并与电源、软/硬盘驱动器及光驱等装在同一机箱内，再配上系统软件，就构成了一台完整的微型计算机系统（简称系统机）。工业 PC 也属于多板机。

2）单板机

将 CPU 芯片、存储器芯片、I/O 接口芯片和简单的 I/O 设备（小键盘、LED 显示器）等装配在一块印制电路板上，再配上监控程序（固化在 ROM 中），就构成了一台单板微型计算机（简称单板机）。

3）单片机

单片机是一种集成电路芯片，是单片微型计算机（Single Chip Microcomputer，SCM）的简称，采用超大规模集成电路技术把具有数据处理能力的中央处理器 CPU、存储器、I/O 端口集成到一块硅片上构成的一个小而完善的微型计算机系统。

单片机也称为单片微控制器（Microcontroller Unit），也常用英文字母的缩写 MCU 表示单片机，相当于把一个微型的计算机（最小系统）集成到一个芯片上。和计算机相比，单片机缺少了外围设备等。

单片机通常由以下几个部分组成。

（1）中央处理器（CentralProcessingUnit，CPU）：主要用于完成运算和控制功能，包括运算器、控制器和寄存器等。

（2）存储器：主要完成程序和数据的存储功能，包括只读存储器（Read Only Memory，ROM）和随机存储器（Random Access Memory，RAM）。其中，只读存储器 ROM 通常用于存储程序、常数和表格，随机存储器 RAM 用于存储可读写的数据。

（3）输入/输出接口（Input/Output Port，I/O）：主要用于和外围设备进行连接。

## 2.2.2 AT89C51 单片机的硬件资源

AT89C51 单片机是美国 ATMEL 公司生产的低电压、高性能 CMOS 8 位单片机，片内含 4KB 的可反复擦写的只读程序存储器和 256B 的随机存取数据存储器，器件采用 ATMEL 公司的高密度、非易失性存储技术生产，兼容标准 MCS-51 指令系统。AT89C51 单片机的引脚如图 2-1 所示。AT89C51 单片机的内部结构框图如图 2-2 所示。

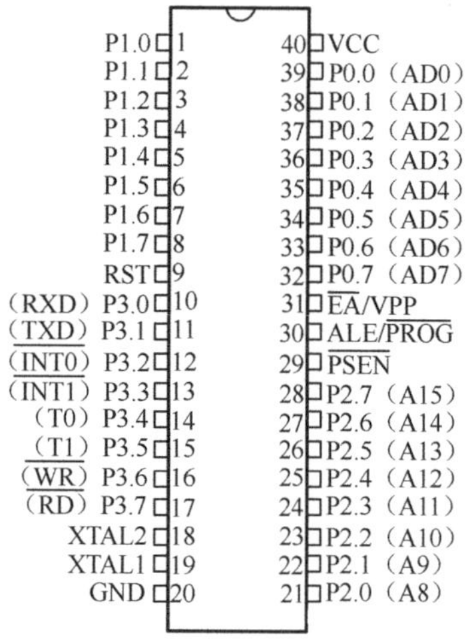

AT89C51 单片机的主要硬件资源：

① 1 个 8 位的 CPU；

② 4KB 的程序存储器，其中包括 40B 的中断服务地址区；

③ 256B 的数据存储器，包括通用寄存器区、位寻址区、用户 RAM 区和 SFR 区；

④ 64KB 的程序存储器和数据存储器的寻址范围（0000H～FFFFH）；

⑤ 4 个 8 位的可编程 I/O 端口，共 32 位，分别为 P0、P1、P2 和 P3；

⑥ 2 个 16 位定时/计数器，可以计数，也可以定时；

⑦ 2 个优先级的 5 个中断源：2 个外部中断、2 个定时/计数器中断、1 个串行中断；

⑧ 1 个全双工串行端口，完成数据串行接收和发送；

图 2-1 AT89C51 单片机的引脚

⑨ 片内振荡器及时钟，最高允许振荡频率为 12MHz；
⑩ 可通过 RST 引脚实现单片机的复位操作。

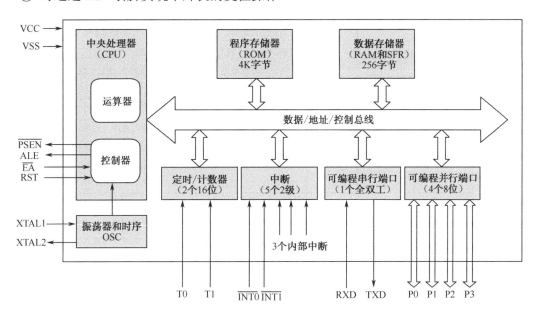

图 2-2 AT89C51 单片机的内部结构框图

## 2.2.3 AT89C51 单片机的 I/O 端口

AT89C51 单片机共有 40 个引脚，其功能如表 2-1 所示。

表 2-1 AT89C51 单片机的引脚功能

| 分 类 | 助记符 | 管脚号 | 类型 | 名称和功能 |
| --- | --- | --- | --- | --- |
| 电源类引脚 | VCC | 40 | I | +5V 电源电压 |
| | VSS | 20 | I | 地 |
| 时钟类引脚 | XTAL1 | 19 | I | 振荡器反相放大器及内部时钟发生器的输入端 |
| | XTAL2 | 18 | O | 振荡器反相放大器的输出端 |
| 控制类引脚 | RST | 9 | I | 复位输入。当振荡器工作时，RST 引脚出现两个机器周期以上高电平将使单片机复位 |
| | $\overline{PSEN}$ | 29 | O | 程序存储允许（$\overline{PSEN}$）输出是外部程序存储器的读选通信号 |
| | ALE | 30 | O | 当访问外部程序存储器或数据存储器时，ALE（地址锁存允许）输出脉冲用于锁存地址的低 8 位字节。即使不访问外部存储器，ALE 仍以时钟振荡频率的 1/6 输出固定的正脉冲信号，因此它可对外输出时钟或用于定时目的。要注意的是：每当访问外部数据存储器时将跳过一个 ALE 脉冲 |
| | $\overline{EA}$ | 31 | I | 外部访问允许。欲使 CPU 仅访问外部程序存储器（地址为 0000H～FFFFH），$\overline{EA}$ 端必须保持低电平（接地）。如 $\overline{EA}$ 为高电平（接 VCC 端），CPU 则执行内部程序存储器中的指令 |

续表

| 分 类 | 助记符 | 管脚号 | 类型 | 名称和功能 |
|---|---|---|---|---|
| I/O 类引脚 | P0 | 39～32 | I/O | P0 口是一组 8 位漏极开路型双向 I/O 口，也即地址/数据总线复用口。作为输出口用时，每位能吸收电流的方式驱动 8 个 TTL 逻辑门电路，对端口写"1"可作为高阻抗输入端用<br>在访问外部数据存储器或程序存储器时，这组口线分时转换地址（低 8 位）和数据总线复用，在访问期间激活内部上拉电阻 |
| | P1 | 1～8 | I/O | P1 是一个带内部上拉电阻的 8 位双向 I/O 口，P1 的输出缓冲级可驱动（吸收或输出电流）4 个 TTL 逻辑门电路。对端口写"1"，通过内部的上拉电阻把端口拉到高电平，此时可作输入口。作输入口使用时，因为内部存在上拉电阻，某个引脚被外部信号拉低时会输出一个电流（IIL） |
| | P2 | 21～28 | I/O | P2 是一个带有内部上拉电阻的 8 位双向 I/O 口，P2 的输出缓冲级可驱动（吸收或输出电流）4 个 TTL 逻辑门电路。对端口写"1"，通过内部的上拉电阻把端口拉到高电平，此时可作输入口，作输入口使用时，因为内部存在上拉电阻，某个引脚被外部信号拉低时会输出一个电流（IIL）。<br>在访问外部程序存储器或 16 位地址的外部数据存储器（如执行 MOVX@DPTR 指令）时，P2 送出高 8 位地址数据。在访问 8 位地址的外部数据存储器（如执行 MOVX@RI 指令）时，P2 口线上的内容，也即特殊功能寄存器（SFR）区中 R2 寄存器的内容，在整个访问期间不改变 |
| | P3 | 10～17 | I/O | P3 口是一组带有内部上拉电阻的 8 位双向 I/O 口。P3 输出缓冲级可驱动（吸收或输出电流）4 个 TTL 逻辑门电路。对 P3 写入"1"时，它们被内部上拉电阻拉高并可作为输入端。作输入端时，被外部拉低的 P3 口将用上拉电阻输出电流（IIL）。P3 除了作为一般的 I/O 口线外，更重要的用途是它的第二功能：<br>P3.0：RXD（串行输入口）；<br>P3.1：TXD（串行输出口）；<br>P3.2：$\overline{INT0}$（外中断 0）；<br>P3.3：$\overline{INT1}$（外中断 1）；<br>P3.4：T0（定时/计数器 0 外部输入）；<br>P3.5：T1（定时/计数器 1 外部输入）；<br>P3.6：$\overline{WR}$（外部数据存储器写选通）；<br>P3.7：$\overline{RD}$（外部数据存储器读选通） |

通过表可以看出，单片机的 4 组 I/O 端口 P0、P1、P2 和 P3 用途和使用有所不同。

（1）P0 端口：内部不带上拉电阻，可以作为通用 I/O 端口使用，也可以作为地址总线低 8 位/数据总线使用。作为输入时，需要对端口先写"1"，作为输出时，需要外接上拉电阻；

（2）P1 端口：内部带上拉电阻，作为通用 I/O 端口使用。作为输入时，需要对端口先写"1"，作为输出时，不需要外接上拉电阻；

（3）P2 端口：内部带上拉电阻，可以作为通用 I/O 端口使用，也可以作为地址总线高 8 位使用。作为输入时，要要对端口先写"1"，作为输出时，不需要外接上拉电阻；

（4）P3 端口：内部带上拉电阻，可以作为通用 I/O 端口使用，也可以使用 P3 端口的第二控制引脚功能。作为输入时，需要对端口先写"1"，作为输出时，不需要外接上拉电阻。

### 2.2.4 AT89C51 单片机的时钟电路

单片机的时钟电路用于产生单片机工作时所必需的时钟信号，单片机内部的电路在时钟信号的控制下，严格按照时序执行指令进行工作。

**1．时钟电路的硬件连接**

AT89C51 单片机中有一个用于构成内部振荡器的高增益反相放大器，引脚 XTAL1 和 XTAL2 分别是该放大器的输入端和输出端。这个放大器与作为反馈元件的片外石英晶体或陶瓷谐振器一起构成自激振荡器。单片机的时钟电路如图 2-3 所示。

（1）内部振荡电路：外接石英晶体（或陶瓷谐振器）及电容 C1、C2 接在放大器的反馈回路中构成并联振荡电路。对外接电容 C1、C2 虽然没有十分严格的要求，但电容容量的大小会轻微影响振荡频率的高低、振荡器工作的稳定性、起振的难易程度及温度稳定性，如果使用石英晶体，推荐电容使用 30pF±10pF，而如使用陶瓷谐振器建议选择 40pF±10pF。

（2）外部振荡电路：用户也可以采用外部时钟。采用外部时钟的电路如图 2-3（b）图所示。这种情况下，外部时钟脉冲接到 XTAL1 端，即内部时钟发生器的输入端，XTAL2 端则悬空。

由于外部时钟信号是通过一个二分频触发器后作为内部时钟信号的，所以对外部时钟信号的占空比没有特殊要求，但最小高电平持续时间和最大的低电平持续时间应符合产品技术条件的要求。

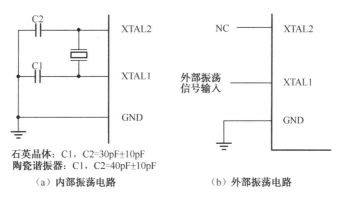

图 2-3 单片机的时钟电路

**2．时钟电路的时序单位**

单片机时序就是 CPU 在执行指令过程中，由 CPU 控制器发出的一系列控制信号的时间顺序。CPU 实质上就是一个复杂的时序电路，单片机执行指令就是在时序电路的控制下一步一步进行的。在执行指令时，CPU 首先到程序内存取出指令码，然后对指令码译码，并由时序电路产生一系列控制信号去完成指令的执行。

时序是由定时单位来说明的。常用的时序定时单位有：时钟周期、状态周期、机器周期和指令周期。

1）时钟周期

时钟周期就是振荡周期，是单片机内振荡电路 OSC 产生一个振荡脉冲信号所用的时间。

定义为时钟脉冲频率的倒数,是时序中最基本、最小的时间单位。时钟周期也被称为拍节或节拍,用 P 表示。

时钟脉冲是计算机的基本工作脉冲,控制着计算机的工作节奏,使计算机的每一步都统一到它的步调上来。

2) 状态周期

两个振荡周期为一个状态周期,由振荡脉冲二分频后得到,用 S 表示。两个振荡周期作为两个节拍分别称为节拍 P1 和节拍 P2。在状态周期的前半周期 P1 有效时,通常完成算数逻辑操作;在后半周期 P2 有效时,一般进行内部寄存器之间的传输。

3) 机器周期

机器周期是指 CPU 完成一个规定操作所用的时间。对于 51 系列单片机,1 个机器周期=12 个时钟周期。规定一个机器周期的宽度为 6 个状态,并依次表示为 S1~S6,每个状态又分为 P1 和 P2 两拍。所以,一个机器周期共有 12 个振荡脉冲周期,可以表示为 S1P1,S1P2,S2P1,S2P2,…,S6P2。当振荡脉冲频率为 12MHz 时,一个机器周期为 1μs;当振荡脉冲频率为 6MHz 时,一个机器周期为 2μs。单片机的机器周期如图 2-4 所示。

4) 指令周期

指令周期是时序中最大的时间单位,定义为 CPU 执行一条指令所用的时间。单片机的指令周期根据指令的不同可以包含一、二、四个机器周期。

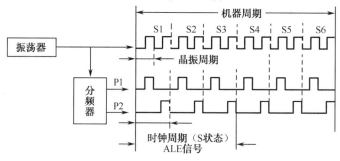

图 2-4  单片机的机器周期

### 3. 机器周期的计算

机器周期是一个非常重要的概念,根据外接晶振的不同,机器周期也有所不同。

已知外接晶振的频率为 $f_{osc}$,则时序单位可以由以下公式计算:

时钟周期: $P = 1/f_{osc}$

状态周期: $S = 2P = 2/f_{osc}$

机器周期: $T_{机} = 6S = 12P = 12/f_{osc}$

【例 2-1】 已知单片机外接 12MHz 晶振,试计算单片机的时序单位。

解:由已知可知,$f_{osc}$=12MHz,则可知

$P$=1/12μs

$S$=2$P$=2×(1/12)=1/6μs

机器周期=6$S$=12$P$=12/12μs=1μs

★备注:AT89C51 单片机允许的最高晶振频率为 12MHz,也就是说,单片机机器周期最小为 1μs。

## 2.2.5 AT89C51 单片机的复位电路

单片机复位是使 CPU 和系统中的其他功能部件恢复为初始状态，就像计算机的重启，并从这个状态开始工作。

### 1．复位硬件电路

要实现复位操作，必须在 RST 引脚上至少保持两个机器周期的高电平。当 RST 引脚返回低电平以后，CPU 从 0000H 地址开始执行程序。

复位电路通常采用上电自动复位和按钮复位两种方式。最简单的是上电自动复位电路，如图 2-5（a）所示。按键手动复位电路有电平方式和脉冲方式两种，如图 2-5（b）所示。

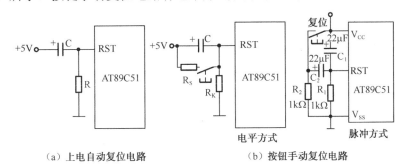

（a）上电自动复位电路　　　　　（b）按钮手动复位电路

图 2-5　单片机的复位电路

### 2．复位状态

单片机复位后，将进入初始状态，从第一条指令开始运行，也就是说，复位是对单片机进行初始化操作。一般在出现下述三种情况时要进行复位操作。

（1）刚通电时——进入初始状态。

（2）重新启动时——回到初始状态。

（3）程序故障时——回到初始状态。

单片机复位后，内部各专用寄存器的状态也回到初始状态，如表 2-2 所示。

表 2-2　单片机复位时片内寄存器的初始状态值

| 寄存器名称 | 复位初始值 | 寄存器名称 | 复位初始值 |
| --- | --- | --- | --- |
| PC | 0000H | TMOD | 00H |
| ACC | 00H | TCON | 00H |
| B | 00H | TH0 | 00H |
| PSW | 00H | TL0 | 00H |
| SP | 07H | TH1 | 00H |
| DPTR | 0000H | TL1 | 00H |
| P0~P3 | FFH | SCON | 00H |
| IP | xxx00000B | SBUF | 不确定 |
| IE | 0xx00000B | PCON | 0xxx0000B |

（1）复位后 PC 值为 0000H，表明复位后程序从 0000H 开始执行。

（2）ACC=00H，累加器被清零。

（3）PSW=00H，表明当前工作寄存器为第 0 组工作寄存器。

（4）SP=07H，表明堆栈底部在 07H。一般需要重新设置 SP 值。

（5）P0～P3 口值为 0FFH。P0～P3 口用作输入口时，必须先写入"1"。单片机在复位后，已使 P0～P3 口每一端线为"1"，为这些端线用作输入口做好准备。

（6）IP=XXX00000B，表明各个中断源均处于低优先级。

（7）IE=0XX00000B，表明各个中断源均处于关中断状态。

（8）SBUF=不定，表明当前串口缓冲区的内容不确定。

## 2.2.6 AT89C51 单片机的内部存储器

AT89C51 单片机内部程序存储器的结构采用哈佛结构，即将片内程序存储器（ROM）和数据存储器（RAM）分开，它们有各自独立的存储空间，并分开编址。

程序存储器用来存放用户程序和常用的表格、常数，采用只读存储器(Read Only Memory, ROM)作为程序存储器。数据存储器用来存放程序运行中的数据、中间计算结果等，采用随机访问存储器（Random Access Memory，RAM）作为数据储存器。AT89C51 内部存储器的结构如图 2-6 所示。

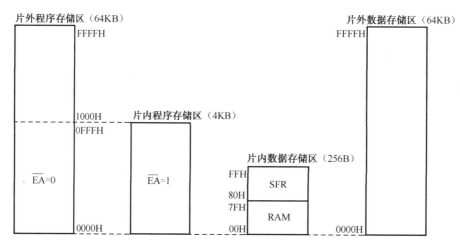

图 2-6 AT89C51 单片机内部存储器的结构

从物理地址上看，单片机有 4 个物理存储空间：片内程序存储空间、片内数据存储空间、片外程序存储空间和片外数据存储空间。从用户使用的逻辑上看，单片机有 3 个逻辑存储空间：片内片外统一编址的 64KB 程序存储空间、256B 的内部数据存储空间、64KB 的外部数据存储空间。

**1．片内程序存储空间（4KB，0000H～0FFFH）**

AT89C51 单片机的片内程序存储器片是 4KB 的 Flash 程序内存，地址范围为 0000H～0FFFH，具体如图 2-7 所示。

当不够使用时，可以扩展片外程序内存，因程序计数器 PC 是 16 位，片外程序内存扩展的最大空间是 64KB，地址范围为 0000H～FFFFH。

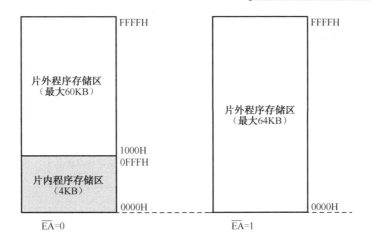

图 2-7 AT89C51 单片机的片内程序存储空间

单片机的片内程序存储区中有两个具有特殊功能的区域：一个区域是 0000H~0002H，单片机复位后，程序计数器(PC)中的初始值为 0000H，也就是说程序从 0000H 单元开始执行。另一个区域是 0003H~002AH，这 40 个单元平均分成 5 个组，每组 8 个存储单元，每组的首单元地址作为相应中断服务程序的入口地址，如表 2-3 所示。

表 2-3　AT89C51 单片机程序存储器特殊功能存储单元

| 分　类 | 地　址 | 功　能 |
| --- | --- | --- |
| 复位初始化区 | 0000H~0002H | 程序执行起始地址 |
| 中断服务地址区 | 0003H~000AH | 外部中断 0 中断服务程序地址区 |
| | 000BH~0012H | 定时/计数器 0 中断服务程序地址区 |
| | 0013H~001AH | 外部中断 1 中断服务程序地址区 |
| | 001BH~0022H | 定时/计数器 1 中断服务程序地址区 |
| | 0023H~002AH | 串行口发送/接收中断服务程序地址区 |

CPU 回应中断后，会自动跳转到各中断区的首地址去执行中断服务程序。在中断地址区中理应存放中断服务程序，但通常情况下，8 个单元一般难以存储一个完整的中断服务程序，因此在中断地址区中存放一条无条件跳转指令，以便中断响应后，通过执行无条件跳转指令再跳转到中断服务程序的实际存放区域。

由此可见，用户的程序不可能以 0000H 单元开始连续存放，一般用户程序从 002BH 单元以后存放，而从 0000H 单元开始存放一条无条件转移指令，转移到用户程序所在存储区域的第一个单元的地址（首地址），开始执行程序。

### 2．片内数据存储空间（低 128B 区域，00H~7FH）

AT89C51 片内数据存储器有 256B，地址范围为 00H~FFH。按功能又可分为两部分：低 128B（地址为 00H~7FH）为一般 RAM 区，高 128B（地址为 80H~FFH）为特殊功能寄存器 (SFR)区，两部分的地址空间是连续的。片外 RAM 可扩展 64KB 存储空间，地址范围为 0000H~FFFFH，但两者的地址空间是分开的，各自独立的。

AT89C51 单片机片内 RAM 低 128B 又可按其用途划分为通用寄存器区、位寻址区和用户

RAM 区，如图 2-8 所示。

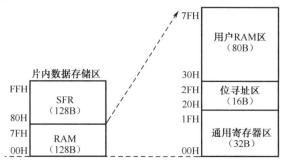

图 2-8 AT89C51 单片机的片内数据存储区的低 128 字节区域

1) 通用寄存器区（00H～1FH）

通用寄存器区共有 32B 单元，分为 4 个通用寄存器组，每组有 8 个单元，地址由小到大分别用代号 R0～R7 表示，如表 2-4 所示。

表 2-4 通用寄存器组的单元地址表

| 寄存器符号<br>寄存器组 | R0 | R1 | R2 | R3 | R4 | R5 | R6 | R7 |
|---|---|---|---|---|---|---|---|---|
| 组 0 | 00H | 01H | 02H | 03H | 04H | 05H | 06H | 07H |
| 组 1 | 08H | 09H | 0AH | 0BH | 0CH | 0DH | 0EH | 0FH |
| 组 2 | 10H | 11H | 12H | 13H | 14H | 15H | 16H | 17H |
| 组 3 | 18H | 19H | 1AH | 1BH | 1CH | 1DH | 1EH | 1FH |

从表 2-4 可以看出，每个通用寄存器组都包含相同的通用寄存器 R0～R7，它们只是地址不同，所以这 4 个通用寄存器组是不能同时使用的，可以使用程序状态字寄存器（PSW）中的 RS1 和 RS0 位来选择当前使用的通用寄存器组。在单片机的初始状态下，PSW 的 RS1RS0=00，则当前使用的通用寄存器组为通用寄存器组 0。

2) 位寻址区（20H～2FH）

位寻址区具有双重寻址功能，既可以按位寻址操作，也可以像普通 RAM 单元那样按字节寻址操作。位寻址区共有 16 个字节单元，也可划分为 128 个位，位地址范围是 00H～7FH，如表 2-5 所示。

表 2-5 位寻址区的字节地址和位地址的对应表

| 字 节 地 址 | 位 地 址 | | | | | | | |
|---|---|---|---|---|---|---|---|---|
| | D7 | D6 | D5 | D4 | D3 | D2 | D1 | D0 |
| 2FH | 7FH | 7EH | 7DH | 7CH | 7BH | 7AH | 79H | 78H |
| 2EH | 77H | 76H | 75H | 74H | 73H | 72H | 71H | 70H |
| 2DH | 6FH | 6EH | 6DH | 6CH | 6BH | 6AH | 69H | 68H |
| 2CH | 67H | 66H | 65H | 64H | 63H | 62H | 61H | 60H |
| 2BH | 5FH | 5EH | 5DH | 5CH | 5BH | 5AH | 59H | 58H |
| 2AH | 57H | 56H | 55H | 54H | 53H | 52H | 51H | 50H |

续表

| 字节地址 | 位 地 址 | | | | | | | |
|---|---|---|---|---|---|---|---|---|
| | D7 | D6 | D5 | D4 | D3 | D2 | D1 | D0 |
| 29H | 4FH | 4EH | 4DH | 4CH | 4BH | 4AH | 49H | 48H |
| 28H | 47H | 46H | 45H | 44H | 43H | 42H | 41H | 40H |
| 27H | 3FH | 3EH | 3DH | 3CH | 3BH | 3AH | 39H | 38H |
| 26H | 37H | 36H | 35H | 34H | 33H | 32H | 31H | 30H |
| 25H | 2FH | 2EH | 2DH | 2CH | 2BH | 2AH | 29H | 28H |
| 24H | 27H | 26H | 25H | 24H | 23H | 22H | 21H | 20H |
| 23H | 1FH | 1EH | 1DH | 1CH | 1BH | 1AH | 19H | 18H |
| 22H | 17H | 16H | 15H | 14H | 13H | 12H | 11H | 10H |
| 21H | 0FH | 0EH | 0DH | 0CH | 0BH | 0AH | 09H | 08H |
| 20H | 07H | 06H | 05H | 04H | 03H | 02H | 01H | 00H |

3）用户 RAM 区（30H～7FH）

用户 RAM 区共有 80 个单元，用于存放用户数据，对这个区域的使用，不做任何规定和限制，一般堆栈设置在此区域。

堆栈是用户 RAM 中的特殊群体，用来暂时存放诸如子程序端口地址、中断端口地址以及其他需要保护的数据。

### 3．片内数据存储区（专用寄存器区，80H～FFH）

AT89C51 单片机共有 21 个特殊功能寄存器（Special Function Register，SFR），它们离散地分布在 80H～FFH 地址范围内。字节地址能被 8 整除的（即十六进制的地址码尾数为 0 或 8 的）单元是具有位地址的寄存器。AT89C51 单片机的特殊功能寄存器如表 2-6 所示。

表 2-6　AT89C51 单片机的特殊功能寄存器

| 寄存器符号 | 位地址/位定义 | | | | | | | | 字节地址 |
|---|---|---|---|---|---|---|---|---|---|
| | D7 | D6 | D5 | D4 | D3 | D2 | D1 | D0 | |
| B | F7H | F6H | F5H | F4H | F3H | F2H | F1H | F0H | F0H |
| ACC | E7H | E6H | E5H | E4H | E3H | E2H | E1H | E0H | E0H |
| PSW | D7H | D6H | D5H | D4H | D3H | D2H | D1H | D0H | D0H |
| | CY | AC | F0 | RS1 | RS0 | OV | F1 | P | |
| IP | BFH | BEH | BDH | BCH | BBH | BAH | B9H | B8H | B8H |
| | — | — | — | PS | PT1 | PX1 | PT0 | PX0 | |
| P3 | B7H | B6H | B5H | B4H | B3H | B2H | B1H | B0H | B0H |
| | P3.7 | P3.6 | P3.5 | P3.4 | P3.3 | P3.2 | P3.1 | P3.0 | |
| IE | AFH | AEH | ADH | ACH | ABH | AAH | A9H | A8H | A8H |
| | EA | — | — | ES | ET1 | EX1 | ET0 | EX0 | |

续表

| 寄存器符号 | 位地址/位定义 | | | | | | | | 字节地址 |
|---|---|---|---|---|---|---|---|---|---|
| | D7 | D6 | D5 | D4 | D3 | D2 | D1 | D0 | |
| P2 | A7H | A6H | A5H | A4H | A3H | A2H | A1H | A0H | A0H |
| | P2.7 | P2.6 | P2.5 | P2.4 | P2.3 | P2.2 | P2.1 | P2.0 | |
| SBUF | | | | | | | | | 99H |
| SCON | 9FH | 9EH | 9DH | 9CH | 9BH | 9AH | 99H | 98H | 98H |
| | SM0 | SM1 | SM2 | REN | TB8 | RB8 | TI | RI | |
| P1 | 97H | 96H | 95H | 94H | 93H | 92H | 91H | 90H | 90H |
| | P1.7 | P1.6 | P1.5 | P1.4 | P1.3 | P1.2 | P1.1 | P1.0 | |
| TH1 | | | | | | | | | 8DH |
| TH0 | | | | | | | | | 8CH |
| TL1 | | | | | | | | | 8BH |
| TL0 | | | | | | | | | 8AH |
| TMOD | GATE | C/T | M1 | M0 | GATE | C/T | M1 | M0 | 89H |
| TCON | 8FH | 8EH | 8DH | 8CH | 8BH | 8AH | 89H | 88H | 88H |
| | TF1 | TR1 | TF0 | TR0 | IE1 | IT1 | IE0 | IT0 | |
| PCON | SMOD | — | — | — | GF1 | GF0 | PD | IDL | 87H |
| DPH | | | | | | | | | 83H |
| DPL | | | | | | | | | 82H |
| SP | | | | | | | | | 81H |
| P0 | 87H | 86H | 85H | 84H | 83H | 82H | 81H | 80H | 80H |
| | P0.7 | P0.6 | P0.5 | P0.4 | P0.3 | P0.2 | P0.1 | P0.0 | |

特殊功能寄存器（SFR）每一位的定义和作用与单片机各部件直接相关。这里先简要介绍，详细使用在后续相应章节中进行说明。

1）程序计数器（Program Counter，PC）

PC 是一个 16 位的计数器，其内容为下一条将要执行的指令的地址，寻址范围达 64KB。PC 有自动加 1 功能，从而实现程序的顺序执行。PC 没有地址，是不可寻址的，因此用户无法对它进行读写。但是可以通过转移、调用、返回等指令改变其内容，以实现程序的转移。

2）与运算器相关的寄存器（3 个）

（1）累加器 ACC：8 位，它是 89C51 单片机中最繁忙的寄存器，用于向运算器提供操作数，许多运算的结果也存放在累加器中。

（2）寄存器 B：8 位，主要用于乘除法运算，也可以作为 RAM 的一个单元使用。

（3）程序状态字 PSW：8 位，用于记录程序运行时的状态。

CY：进位、借位标志，有进位、借位时 CY=1，否则 CY=0；

RS1\RS0：当前通用工作寄存器组选择位，RS1RS0=00，选择组 0，RS1RS0=01，选择组 1，RS1RS0=10，选择组 2，RS1RS0=11，选择组 3；

OV：溢出标志位，有溢出时 OV=1，否则 OV=0。

3）指针类寄存器（2个）

（1）堆栈指针 SP：8位。它总是指向栈顶。89C51 单片机的堆栈常设在 30H～7FH 这一段 RAM 中。堆栈操作遵循"先进后出"的原则，入栈操作时，SP 先加 1，数据再压入 SP 指向的单元。出栈操作时，先将 SP 指向的单元的数据弹出，然后 SP 再减 1，这时 SP 指向的单元是新的栈顶。由此可见，89C51 单片机的堆栈区是向地址增大的方向生成的。

（2）数据指针 DPTR：16位。用来存放片外数据存储器的 16 位地址。它由两个 8 位的寄存器 DPH 和 DPL 组成。通过 DPTR 可对片外的 64KB 范围的 RAM 或 ROM 表格数据进行操作。

4）与接口相关的寄存器（7个）

（1）并行 I/O 接口 P0、P1、P2、P3：均为 8 位。通过对这 4 个寄存器的读和写，可以实现数据从相应接口的输入/输出。

（2）串行接口数据缓冲器 SBUF：8位，用于存放发送和接收的串行数据。

（3）串行接口控制寄存器 SCON：8位，用于控制串口的工作方式。

（4）串行通信波特率倍增寄存器 PCON：8位，其中的 SMOD 位设置波特率是否倍增。

5）与中断相关的寄存器（2个）

（1）中断允许控制寄存器 IE：8位，用于设置 5 个中断源的允许开关和总允许开关。

（2）中断优先级控制寄存器 IP：8位，用于设置 5 个中断源的优先级。

6）与定时/计数器相关的寄存器（6个）

（1）定时/计数器 T0 的两个 8 位计数初值寄存器 TH0、TL0：它们可以构成 16 位的计数器，TH0 存放高 8 位，TL0 存放低 8 位。

（2）定时/计数器 T1 的两个 8 位计数初值寄存器 TH1、TL1：它们可以构成 16 位的计数器，TH1 存放高 8 位，TL1 存放低 8 位。

（3）定时/计数器的工作方式寄存器 TMOD：8位，用于设置定时/计数器的工作方式。

（4）定时/计数器的控制寄存器 TCON：8位，用于控制定时/计数器启动。

## 2.3 项目概要设计

### 2.3.1 单片机最小系统的概要设计

经过上述理论知识的学习，根据项目要求，先对整个项目进行概要设计，主要就是设计系统框图，包括组成模块和模块功能等。

单片机最小系统项目的总体框图如图 2-9 所示。

从方框图可以看出，单片机最小系统项目的设计主要是完成电源、时钟和复位电路的设计，根据功能的不同，可以将整个项目划分为 3 个模块：

（1）电源模块：连接至 VCC 和 GND 引脚，为单片机提供电源。

（2）时钟模块：连接至 XTAL1 和 XTAL2 引脚，为单片机工作提供时钟信号。

（3）复位模块：连接至 RST 引脚，为单片机提供满足复位条件的复位信号。

其中，电源模块的设计非常简单，主要设计内容如下：

（1）AT89C51 单片机的 VCC 引脚（40 引脚）：连接+5V 电源。

（2）AT89C51 单片机的 GND 引脚（20 引脚）：连接地。

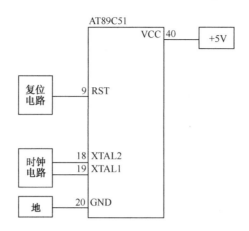

图 2-9　单片机最小系统项目的总体框图

## 2.3.2　单片机的时钟模块的概要设计

根据项目理论知识，单片机的时钟电路用于产生单片机工作时所必需的时钟信号，单片机内部的电路在时钟信号的控制下，严格按照时序执行指令进行工作。时钟电路的硬件连接方法有外接晶振和外接时钟信号两种方法。连接后的时钟硬件电路会影响到单片机工作的机器周期。

通过上述分析，单片机最小系统项目的时钟电路采用常用的外接晶振的方法，连接到 XTAL1 和 XTAL2 引脚，并且外接晶振采用常用的频率为 12MHz 的晶振，具体如图 2-10 所示。

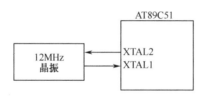

图 2-10　单片机最小系统的时钟模块概要设计图

## 2.3.3　单片机的复位模块的概要设计

根据项目理论知识，单片机复位是使 CPU 和系统中的其他功能部件恢复为初始状态，就像计算机的重启，并从这个状态开始工作。单片机复位电路有上电复位和按键复位两种电路。要实现复位操作，必须在 RST 引脚上至少保持两个机器周期的高电平。

通过上述分析，为了能在单片机运行过程中也能复位，采用按键复位，连接至 RST 引脚，并且选择其中电路设计较为简单的电平按键方式，具体如图 2-11 所示。

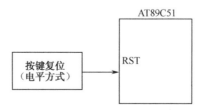

图 2-11　单片机最小系统的复位模块概要设计图

## 2.4 项目详细设计

### 2.4.1 单片机的最小系统的详细设计

根据项目的概要设计,进行系统的详细设计,主要是对每个模块完成的功能进行具体的描述,要把功能描述转变为精确的、结构化的过程描述。

有关单片机最小系统的详细设计图如图 2-12 所示。

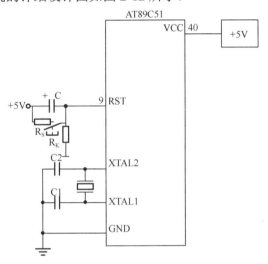

图 2-12 单片机最小系统的详细设计图

### 2.4.2 单片机的时钟模块的详细设计

有关单片机最小系统的时钟电路详细设计图如图 2-13 所示。

其中,单片机上的时钟管脚 XTAL1(19 脚)是芯片内部振荡电路输入端,XTAL2(18 脚)是芯片内部振荡电路输出端。

XTAL1 和 XTAL2 作为独立的输入和输出反相放大器,可以被设计为使用石英晶振的片内振荡器,或者是器件直接由外部时钟驱动。本项目采用的是内时钟模式,即采用利用芯片内部的振荡电路,在 XTAL1、XTAL2 的引脚上外接定时元件(一个石英晶体和两个补偿电容),内部振荡器能产生自激振荡。

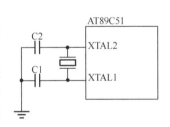

图 2-13 单片机最小系统的时钟电路详细设计图

一般来说晶振可以在 1.2～12MHz 之间任选,但是频率越高功耗也就越大。在本项目中采用的 12MHz 的石英晶振。和晶振并联的两个电容(C1 和 C2)的大小对振荡频率有微小影响,可以起到频率微调作用。当采用石英晶振时,电容可以在 20～40pF 之间选择(本实验套件使用 30pF);当采用陶瓷谐振器件时,电容要适当地增大一些,在 30～50pF 之间。通常选取 33pF 的陶瓷电容就可以了。

需要注意的是,在设计单片机系统的印刷电路板(PCB)时,晶体和电容应尽可能与单片机芯片靠近,以减少引线的寄生电容,保证振荡器可靠工作。

检测晶振是否起振的方法可以用示波器可以观察到 XTAL2 输出的正弦波，也可以使用万用表测量（把挡位打到直流挡，这个时候测得的是有效值）XTAL2 和地之间的电压时，可以看到 2V 左右的电压。

### 2.4.3 单片机的复位模块的详细设计

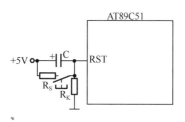

图 2-14 单片机最小系统的复位电路详细设计图

有关单片机最小系统的复位电路的具体如图 2-14 所示：

在单片机系统中，复位条件是：只要在单片机的复位引脚 RST 上出现两个机器周期以上的高电平时，单片机就执行复位操作。如果 RST 持续为高电平，单片机就处于循环复位状态。

上电瞬间，电容 C 两端电压不能突变，此时电容 C 的负极和 RST 引脚相连，电压全部加在了电阻 $R_k$ 上，RST 的输入为高，芯片被复位。随着+5V 电源给电容充电，电阻上的电压逐渐减小，最后约等于 0V，芯片正常工作。

当复位按键按下的时候，开关导通，这个时候电容 C 两端形成了一个回路，电容 C 被短路，电容 C 开始释放之前充的电量，电容 C 的电压在 0.1S 内，从 5V 释放到变为了 1.5V，甚至更小。根据串联电路电压为各处电压之和，这个时候 $R_k$ 电阻两端的电压为 3.5V，甚至更大，所以 RST 引脚又接收到高电平。单片机系统自动复位。

### 2.4.4 其他注意事项

AT89C51 单片机的 $\overline{EA}$（31 脚）是内部和外部程序存储器的选择管脚。当 $\overline{EA}$ 保持高电平时，单片机访问内部程序存储器；当 $\overline{EA}$ 保持低电平时，则不管是否有内部程序存储器，只访问外部程序存储器。

由于本项目不需要外部扩展程序存储器，因此要求 $\overline{EA}$ 引脚连接到 VCC 上，只使用内部的程序存储器。在设计过程中，不能将 $\overline{EA}$ 引脚悬空，否则会导致程序执行不正常。

## 2.5 项目实施

根据上述有关项目的详细设计，现在使用 Proteus 软件实现单片机最小系统的设计。
有关单片机最小系统的设计步骤如下。

**1. 新建单片机最小系统设计**

在弹出的"保存 ISIS 设计文件"对话框中的文件名框中输入"单片机最小系统"，并选择设计文件保存路径。在保存设计之前，应该新建文件夹，用于保存设计。

**2. 选择单片机最小系统所需的元器件**

本项目所需要的元器件，具体如表 2-7 所示。

表 2-7 "单片机最小系统的设计"项目的元器件清单

| 序 号 | 库参考名称 | 库 | 描 述 |
| --- | --- | --- | --- |
| 1 | AT89C51 | MCS8051 | 8051 Microcontroller |

续表

| 序　号 | 库参考名称 | 库 | 描　　述 |
|---|---|---|---|
| 2 | BUTTON | ACTIVE | SPST Push Button |
| 3 | CAP | DEVICE | Generic non-electrolytic capacitor |
| 4 | CAP-POL | DEVICE | Polarized capacitor（polarized） |
| 5 | CRYSTAL | DEVICE | Quartz crystal |
| 6 | RES | DEVICE | Generic resistor symbol |

### 3．放置对象（包括元器件和电源终端）并布局原理图

在放置元器件时，要按照"从重要到不重要，一个模块一个模块的放"思路来放置。在本项目中，AT89C51元器件最重要，因此首先放置AT89C51元器件，然后再按模块来放置。例如，可以先放置时钟电路模块的所有组成元器件（1个晶振和2个微调电容），再放置复位电路模块的所有组成元器件（1个电解电容、1个开关和2个电阻）。

切记，放置元器件时不能随便乱放，一定要熟悉电路原理图。分析清楚原理图后，在电路出现问题时，才可以快速找到电路问题区域，并快速找到电路问题元器件。

注意，$\overline{EA}$引脚不能悬空，应该连接至电源，就是连接到高电平上，使用内部程序存储器。

### 4．编辑修改元器件参数

先按鼠标右键选中对象，再按鼠标左键编辑（修改）元件参数。此处，需要修改的内容如下。

（1）时钟电路：晶振X1的元件值为12MHz，电容C1和C2的容值为30pF。

（2）复位电路：电容C3的容值为10μF，电阻R1的阻值为1kΩ，电阻R2的阻值为10kΩ。

### 5．放置连线，连接对象，建立原理图（见图2-15）

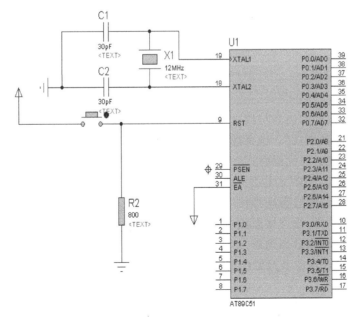

图2-15 "单片机最小系统的设计"项目的硬件电路原理图

## 2.6 项目仿真与调试

项目原理图绘制完成后,需要进行电路的仿真和调试,检查设计的原理图是否符合项目要求,如果不符合,需要进行调整,最后达到完成项目要求的目的。

项目仿真和调试时,需要借助辅助虚拟仪器来检测电路的关键测试点。

电路的关键测试点选择也是按照模块来进行的,采用"将模块视为黑盒"的方法来选择,通常会选择模块的输入和输出引脚。在模块的输入引脚引入正确的信号,那么如果模块功能工作正常,那么在输出端就应该检测到正确的输出信号。

电路的关键测试点测试的内容通常有:电压、电流和波形等。电压可以采用电压表测量,电流采用电流表测量,波形采用示波器测量。在 Proteus 软件中,都有上述虚拟仪器可以辅助测量电路的关键测试点信息。

单片机最小系统项目中有 3 个功能模块:电源模块、时钟模块和复位模块。其中,在 Proteus 软件中,对电源模块和时钟模块有特殊处理,具体内容如下。

(1)电源模块中的 VCC 和 VSS 引脚已经默认连接好,在元器件中不给出,不需要测量。

(2)时钟模块在仿真时不起作用,不能测量出波形。

因此,项目可以测量的电路关键测试点就只有复位模块的 RST 引脚,且测量内容为 RST 引脚的电压值。有关单片机最小系统的电路关键测试点如表 2-8 所示。

表 2-8 单片机最小系统的电路关键测试点

| 关键测试点 | 测试内容 | 测试说明 | 测试仪器 |
| --- | --- | --- | --- |
| AT89C51 元器件的 RST 引脚(9 脚) | 引脚电压 | (1)上电瞬间,RST 的输入为高,芯片被复位。随之+5V 电源给电容充电,电阻上的电压逐渐减小,最后约等于 0V,芯片正常工作<br>(2)当复位按键按下的时候,开关导通,$R_k$ 电阻两端的电压是 3.5V,甚至更大,所以 RST 引脚又接收到高电平。单片机系统自动复位 | 直流电压表 |

单片机最小系统项目的仿真与调试步骤具体如下。

### 1. 进入"虚拟仪器模式",选择虚拟仪器

单击工具栏中的"虚拟仪器模式"按钮,进入虚拟仪器模式,如图 2-16 所示,在仪器列表中选择"DCVOLTMETER",也就是选择直流电压表。

### 2. 在电路中合适位置放置虚拟仪器,并连接好仪器

将直流电压表的"+"端连接至测试点 RST 引脚,直流电压表的"-"端接地。

### 3. 电路运行,查看测试点信息

(1)单击 Proteus 软件左下方的仿真工具栏的"开始"按钮,如图 2-17 所示,准备开始电路的仿真运行。

(2)电路进入仿真运行状态,查看电路的关键测试点信息,查看电路的引脚电平状态。

上电时,复位按键没有按下时,电路正常工作。其中,引脚上的方块颜色表示当前引脚的电平状态,红色表示高电平状态,绿色表示低电平状态。

(3)单击电路中的复位按键,可以看到电压表电压的变化,如图 2-18 所示。

项目二 单片机最小系统的设计

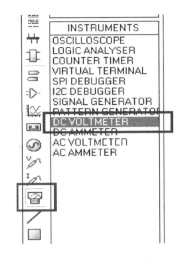

图 2-16 进入虚拟仪器模式

图 2-17 开始电路仿真运行

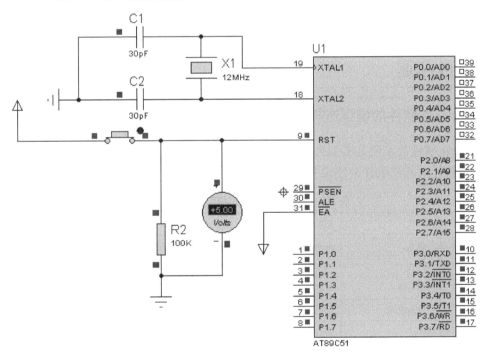

图 2-18 RST 引脚的电压变化

# 2.7 项目小结

本项目是设计一个单片机的最小系统，通过本项目了解和掌握 AT89C51 单片机的硬件理论知识。通过项目实施的结果可以看出，项目要求达到。

（1）通过使用 Proteus 软件，完成系统硬件设计：硬件电路主要由 AT89C51 单片机、电源电路、时钟电路和复位电路组成。

（2）通过使用虚拟仪器检测，系统硬件工作正常。

通过本项目的实施，掌握单片机的硬件知识如下。

（1）单片机的定义和组成：单片机是将中央处理器 CPU、存储器、I/O 端口集成到一块芯片上的系统。组成主要是 CPU、存储器和 I/O 接口。每个组成部分作用不同。

（2）单片机的硬件资源：CPU 位数、存储器容量、I/O 端口个数、定时/计数器个数及位数、中断源个数及优先级别、串口个数及类型、复位引脚等资源信息。

（3）单片机的引脚：引脚的分类和 I/O 引脚的特点及用途。

（4）单片机的时钟电路：时钟电路的连接方法，时序单位及其计算。

（5）单片机的复位电路：复位电路的连接方法，复位后 SFR 的状态。

（6）单片机的片内数据存储器：区域划分，区域大小、地址范围和内容。

（7）单片机的片内程序存储器：特殊区域的大小、地址范围和内容。

通过掌握上述有关单片机的硬件理论知识，才可以设计单片机最小系统，为后续的项目设计打下基础。

通过本次项目的实施，还需要掌握使用 Proteus 软件提供的虚拟仪器测试系统硬件电路的关键测试点。后续项目的调试也需要采用相应关键点测试方法。

# 2.8 项目拓展

## 2.8.1 Proteus 软件的模型选择工具栏

在 Proteus 软件的左侧是模型选择工具栏，在进行设计时，经常会在不同模型中选择。下面就对模型选择工具栏进行具体说明，如表 2-9 所示。

表 2-9 Proteus 软件的模型选择工具栏

| | | 模式 | 说明 |
|---|---|---|---|
| 主模式 | | 选择模式 | 可取消左键的放置功能，可以编辑对象 |
| | | 元件模式 | 在元件列表中选择器件，在编辑窗口中移动鼠标，点击左键放置元器件 |
| | | 结点模式 | 当两条连线交叉时，放置连接点表示连通 |
| | | 连线标号模式 | 电路连线可用网络标号代替，相同网络标号的连线是连接的 |
| | | 文字脚本模式 | 对电路进行说明，与电路放置无关 |
| | | 总线模式 | 用总线表示多条连线，可以是控制总线、地址总线和数据总线 |
| | | 子电路模式 | 将部分电路以子电路形式画在当前电路中 |
| 小型配件 | | 终端模式 | 放置输入、输出、双向、电源、地和总线终端 |
| | | 器件引脚模式 | 放置反向、正时钟、负时钟和总线引脚 |
| | | 图表模式 | 放置模拟、数字、混合、频率特性、传输特性和噪声分析等分析图表 |
| | | 录音机模式 | 录制/播放声音文件 |
| | | 激励源模式 | 放置电源和信号源：有直流电源、正弦信号源、脉冲信号源等 |
| | | 电压探针模式 | 放置电压探针：显示在指定电路连线上的电压 |
| | | 电流探针模式 | 放置电流探针：串联在指定的电路连线上，显示电流值 |
| | | 虚拟仪器模式 | 放置虚拟仪器：有示波器、计数器、信号发生器、电压表、电流表 |

续表

| 2D绘图 | | | |
|---|---|---|---|
| | | 2D图形直线模式 | 放置直线，可以是：器件、引脚、端口、图形线、总线等 |
| | | 2D图形框体模式 | 放置矩形框：移动鼠标确定起始位置，按下左键移动到结束位置释放完成 |
| | | 2D图形圆形模式 | 放置圆形框：移动鼠标确定圆心位置，按下左键拖动，释放后完成 |
| | | 2D图形弧线模式 | 放置圆弧形：鼠标移动到起点，按下左键拖动，释放后调整弧长 |
| | | 2D图形闭合路径模式 | 画闭合多边形：鼠标移动到起点，点击产生折点，闭合后完成 |
| | | 2D图形文本模式 | 放置文字标签：在编辑框中放置说明文本标签 |
| | | 2D图形符号模式 | 放置特殊图形：可在库中选择各种图形 |
| | | 2D图形标记模式 | 放置特殊节点：可有原点、节点、标签引脚名、引脚号 |

当需要放置器件时，需要先切换到"元件模式"，才可以从元件列表中选中元器件进行放置；当需要对元器件进行编辑时，需要切换到"选择模式"，单击元器件进行编辑；当需要放置电源终端时，需要切换到"终端模式"，才可以放置电源和地。当需要放置电路网络标号时，需要切换到"连线标号模式"，才可以放置电路网络；当需要放置总线时，需要切换到"总线模式"，才可以放置总线；当需要在电路中添加示波器等虚拟仪器时，也需要切换到"虚拟仪器模式"，在电路中放置合适的虚拟仪器。

举例说明，添加"地"：左键选择模型选择工具栏中的"终端模式"，如图2-19所示。

单击鼠标左键选择"GROUND"，单击原理图编辑窗口中，"地"就被放置到原理图编辑窗口中了。

举例说明，添加示波器：单击鼠标左键选择模型，选择工具栏中的"虚拟仪器模式"，进入虚拟仪器模式，出现如图2-20所示的选择项。

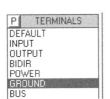
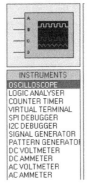

图2-19　在"终端模式"添加"地"　　　图2-20　在"虚拟仪器模式"添加示波器

单击鼠标左键选择"OSCILLOSCOPE"，并单击原理图编辑窗口，这样示波器就被放置到原理图编辑窗口中了。

## 2.8.2　Proteus软件中的单片机简化设计

在Proteus软件中，为了使用者方便，达到仿真的目的，简化设计的内容如下。

### 1. 电源默认添加

AT89C51单片机元器件隐藏了电源和地的引脚，Proteus软件默认已加载此类元件引脚对应的电源和地，仿真时，即使不人为添加电源和地，也会正确运行。Proteus软件使用默认的电源网络连接。

查看电源连接和设置的步骤如下。

(1) 选择【设计】→【设定电源范围】菜单命令，弹出"设定电源范围"对话框，如图 2-21 所示。

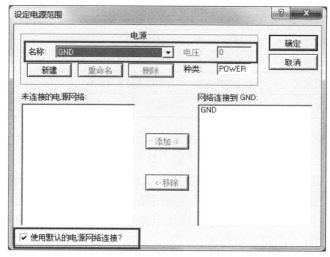

图 2-21 "设定电源范围"对话框中"GND"设置

在图 2-21 中，可以看出，设计中设定了名称为"GND"的电源网络，电压为 0V，并且使用默认的电源网络连接，也就是"GND"引脚连接到"GND"电源网络上，"GND"引脚连接 0V 电压。

同理，设计中也设定了名称为"VCC"的电源网络，电压为 5V，并且也使用默认的电源网络连接，也就是"VCC"引脚连接到"VCC"电源网络上，VCC 引脚连接 5V 电压，如图 2-22 所示。

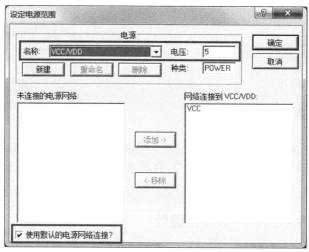

图 2-22 "设定电源范围"对话框中"VCC"设置

(2) 查看隐藏的电源引脚，确认网络连接

双击 AT89C51 单片机元器件，弹出"编辑元件"对话框，单击"隐藏的引脚"按钮，弹

出的界面如图 2-23 所示。

在图 2-23 中，可以看出，"GND"引脚连接到"GND"电源网络上，"VCC"引脚连接到"VCC"电源网络上。

通过 Proteus 软件的设置，仿真时即使不人为添加电源和地，单片机也会正确运行。

图 2-23　AT89C51 单片机元器件中隐藏的引脚

### 2．晶振默认设置

如果使用虚拟示波器测量单片机最小系统的晶振时，会发现晶振不起作用，但是单片机却工作正常。其中的原因就是：晶振在 Proteus 软件电路图仿真中是不起任何作用，采用默认的晶振频率。可以通过双击 AT89C51 单片机元器件查看元件的晶振频率并修改，具体如图 2-24 所示。

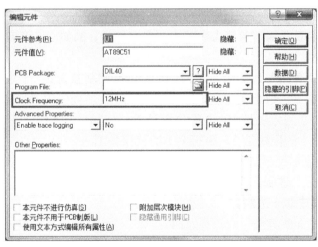

图 2-24　AT89C51 单片机元器件中晶振默认设置

### 3．复位电路由仿真工具代替

在 Proteus 软件中，由于 AT89C51 单片机模型的问题，可以不用复位电路，单片机就可以正常工作运行和进入复位状态。如图 2-25 所示，先单击仿真工具栏中的【停止】按钮，再单击【运行】按钮就可以复位电路。

图 2-25　复位电路由仿真工具代替

## 2.8.3 数据进制转换

数制也称计数的规则，是指用一组固定的符号和统一的规则来表示数值的方法。按进位的原则进行计数的方法，称为进位计数制。常用的进位制有二进制、八进制、十进制和十六进制。将数由一种数制转换成另一种数制称为数制间的转换。

数制三要素：数码、基数、位权。常用的进位制如表 2-10 所示。

表 2-10 常用的进位制

| 进 制 | 基 数 | 数 码 | 位 权 | 说 明 |
| --- | --- | --- | --- | --- |
| 二进制 | 2 | 0，1 | $2^{n-1}, 2^{n-2}, \cdots, 2^1, 2^0, 2^{-1}, 2^{-2}, \cdots, 2^{-m}$ | 按"逢二进一"的原则进行计数 |
| 八进制 | 8 | 0，1，2，3，4，5，6，7 | $8^{n-1}, 8^{n-2}, \cdots, 8^1, 8^0, 8^{-1}, 8^{-2}, \cdots, 8^{-m}$ | 按"逢八进一"的原则进行计数 |
| 十进制 | 10 | 0，1，2，3，4，5，6，7，8，9 | $10^{n-1}, 10^{n-2}, \cdots, 10^1, 10^0, 10^{-1}, 10^{-2}, \cdots, 10^{-m}$ | 按"逢十进一"的原则进行计数 |
| 十六进制 | 16 | 0，1，2，3，4，5，6，7，8，9，A，B，C，D，E，F | $16^{n-1}, 16^{n-2}, \cdots, 16^1, 16^0, 16^{-1}, 16^{-2}, \cdots, 16^{-m}$ | 按"逢十六进一"的原则进行计数 |

（1）数码：数制中表示基本数值大小的不同数字符号。例如，十进制有 10 个数码：0、1、2、3、4、5、6、7、8、9。

（2）基数：数制所使用数码的个数。例如，二进制的基数为 2；十进制的基数为 10。

（3）位权：数制中某一位上的 1 所表示数值的大小（所处位置的价值）。例如，十进制的 123，1 的位权是 100，2 的位权是 10，3 的位权是 1。二进制中的 1011，第一个 1 的位权是 8，0 的位权是 4，第二个 1 的位权是 2，第三个 1 的位权是 1。

在计算机内部，数都是用二进制表示的，二进制与八进制、十六进制之间很容易转换，因此需要掌握十进制与二进制、八进制及十六进制之间的转换。

**1．十进制数转换成非十进制数**

1）整数转换

十进制整数化为非十进制整数采用"余数法"，即除基数取余数。把十进制整数逐次用任意十制数的基数去除，一直到商是 0 为止，然后将所得到的余数由下而上排列即可。

【例 2-1】 将十进制数 135 转换为二进制、八进制和十六进制。

解：（1）十进制数 135 转换为二进制：

（135）$_{10}$=（10000111）$_2$

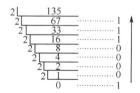

（2）十进制数 135 转换为八进制：

$(135)_{10}=(207)_8$

（3）十进制数 135 转换成十六进制：

$(135)_{10}=(87)_{16}$

2）小数转换

十进制小数转换成非十进制小数采用"进位法"，即乘基数取整数。把十进制小数不断地用其他进制的基数去乘，直到小数的当前值等于 0 或满足所要求的精度为止，最后所得到的积的整数部分由上而下排列即为所求。

【例 2-2】 将十进制数 0.25 转换为二进制、八进制和十六进制。

解：（1）十进制数 0.25 转换为二进制数：

$(0.25)_{10}=(0.01)_2$

（2）十进制数 0.25 转换为八进制数：

$(0.25)_{10}=(0.2)_8$

（3）十进制数 0.25 转换为十六进制数：

$(0.25)_{10}=(0.4)_{16}$

## 2. 非十进制数转换成十进制数

非十进制数转换成十进制数采用"位权法"，即把各非十进制数按位权展开，然后求和。

【例 2-3】 将二进制数 11010011 转换为十进制数。

解：$(11010011)_2=1×2^7+1×2^6+0×2^5+1×2^4+0×2^3+0×2^2+1×2^1+1×2^0=211$

【例 2-4】 将八进制数 716 转换为十进制数。

解：$(716)_8=7×8^2+1×8^1+6×8^0=462$

**【例2-5】** 将十六进制数 D4 转换为十进制数。

解：$(D4)_{16}=13×16^1+4×16^0=212$

### 3．二、八、十六进制数之间转换

1）二进制数与八进制数之间的转换方法

（1）把二进制数转换为八进制数时，按"三位并一位"的方法进行。以小数点为界，将整数部分从右向左每三位一组，最高位不足三位时，添 0 补足三位；小数部分从左向右，每三位一组，最低有效位不足三位时，添 0 补足三位。然后，将各组的三位二进制数按权展开后相加，得到一位八进制数。

**【例2-6】** 将二进制数 10110101 转换为八进制数。

解：把 $(10110101)_2$ 写成下面的形式：

<u>010</u>　　<u>110</u>　　<u>101</u>
 2　　　 6　　　 5

即 $(10110101)_2=(265)_8$

（2）将八进制数转换成二进制数时，采用"一位拆三位"的方法进行。即把八进制数每位上的数用相应的三位二进制数表示。

**【例2-7】** 将八进制数 652 转换为二进制数。

解：把 $(652)_8$ 写成下面的形式：

<u>6</u>　　　<u>5</u>　　　<u>2</u>
110　　101　　010

即 $(652)_8=(110101010)_2$

2）二进制数与十六进制数之间的转换方法

（1）把二进制数转换为十六进制数时，按"四位并一位"的方法进行。

以小数点为界，将整数部分从右向左每四位一组，最高位不足四位时，添 0 补足四位；小数部分从左向右，每四位一组最低有效位不足四位时，添 0 补足四位。然后，将各组的四位二进制数按权展开后相加，得到一位十六进制数。

**【例2-8】** 将二进制数 10110101 转换为十六进制数。

解：把 $(10110101)_2$ 写成下面的形式：

<u>1011</u>　　<u>0101</u>
　B　　　　5

即 $(10110101)_2=(B5)_{16}$

（2）将十六进制数转换成二进制数时，采用"一位拆四位"的方法进行。即把十六进制数每位上的数用相应的四位二进制数表示。

**【例2-9】** 将十六进制数 9C 转换为二进制数。

解：把 $(9C)_{16}$ 写成下面的形式：

<u>9</u>　　　<u>C</u>
1001　　1100

即 $(9C)_{16}=(10011100)_2$

## 2.8.4 数据码制表示

一个数在计算机中的表示称为机器数,这个数学上的数的本身称为机器数的真值。机器数受 CPU 字长的限制,是有一定范围的,超出了此范围就会产生"溢出"。

### 1. 无符号数与有符号数

计算机中的数通常有两种:无符号数和有符号数。两种数在计算机中的表示是不一样的。无符号数由于不带符号,表示时比较简单,可以直接用它对应的二进制形式表示。如,假设机器字长为 8 位,则 216 表示为 11011000B。

有符号数带有正负号。由于计算机只能识别二进制数,不能识别正负号,因此计算机中只能将正负号用二进制数表示。通常,计算机中表示有符号数时,会在数的前面加一位,作为符号位。正数表示为 0,负数表示为 1,其余的位用来表示数的大小。这种连同一个符号位在一起作为一个数,称为机器数,它的数值称为机器数的真值。机器数的表示如图 2-26 所示。

图 2-26 机器数的表示

### 2. 机器数的表示

为了运算方便,机器数在计算机中有三种表示法:原码、反码和补码。

1) 原码

一个二进制数的原码包含符号和数值两部分,它的最高位是符号位,符号位按"正 0 负 1"判别,其余位表示它的绝对值。这种表示有符号数的方法即为原码表示法。对于一个 $n$ 位的二进制数,其原码表示范围为 $-(2^{n-1}-1) \sim +(2^{n-1}-1)$。

用原码表示时,对于 -0 和 +0 的编码不一样。假设机器字长为 8 位,-0 的原码为 10000000B,+0 的原码为 00000000B。

【例 2-10】 写出 +68 和 -68 的原码。

解: [+68]原=01000100B

[-68]原=11000100B

2) 反码

一个二进制数反码的求法如下。

(1) 正数的反码与原码相同。

(2) 负数的反码为其原码保持符号位不变,数值位各位取反的结果。

对于 0,假设机器字长为 8 位,-0 的反码为 11111111B,+0 的反码为 00000000B。

【例 2-11】 写出 +68 和 -68 的反码。

解: [+68]反=01000100B

[-68]反=10111011B

3) 补码

一个二进制数补码的求法如下。

(1) 正数的补码与原码相同。

（2）负数的补码为其原码保持符号位不变，数值位各位取反后加1即其反码加1的结果。

【例2-12】 写出+68和-68的补码。

解： [+68]补=01000100B

[-68]补=10111100B

### 2.8.5 数据单位

#### 1．位（bit）

位是计算机中所能表示和处理数据的最小、最基本单位。计算机中的数据都是以 0 和 1 来表示的二进制数，其中一个 0 或者一个 1 称之为一位。

#### 2．字节（Byte）

字节是计算机信息技术用于计量存储容量和传输容量的一种计量单位，一个字节等于 8 位二进制数，即 1Byte=8bit。一个英文字母的编码可以用一个字节存储，而一个汉字的编码至少需要两个字节来存储。

#### 3．字（Word）

在计算机中，一串数码作为一个整体来处理或运算的，称为一个计算机字，简称字。字是计算机内部进行数据处理的基本单位。字通常分为若干个字节（每个字节一般是 8 位）。在内存中，通常每个单元存储一个字，因此每个字都是可以寻址的。字的长度用位数来表示。

为了表示方便，常把一个字定为 16 位，即：1Word=16bit。

#### 4．字长

在同一时间中 CPU 并行处理二进制数的位数称为字长。字长通常等于数据总线的位数和通用寄存器的位数。字长与计算机的功能和用途有很大的关系，是计算机的一个重要技术指标。字长直接反映了一台计算机的计算精度，计算机的字长越长，计算机的精度就越高，处理能力也就越强。

随着计算机技术的发展，计算机处理的信息容量越来越大，于是人们采用了更大的单位：

① KB（1KB=1024B=$2^{10}$B）；

② MB（1MB=1024KB=$2^{20}$B）；

③ GB（1GB=1024MB=$2^{30}$B）；

④ TB（1TB=1024GB=$2^{40}$B）。

## 2.9 理论训练

#### 1．填空题

（1）单片机通常是由_____、_____和_____组成。

（2）AT89C51 单片机的 CPU 位数是_____位。

（3）AT89C51 单片机有_____B 的内部程序存储器，有_____B 的内部数据存储器。

（4）若选择内部程序存储器，$\overline{EA}$ 应该设置为_____。

（5）单片机程序的入口地址是_____，外部中断1的入口地址是_____。

（6）8051 单片机的存储器的最大特点是_____与_____分开编址。

（7）单片机的内部 RAM 区中，可以位寻址的字节地址范围是_____，共____位，位地址范围是_____。

（8）若采用 6MHz 的晶体振荡器，则 AT89C51 单片机的振荡周期为_____，机器周期为_____。

（9）单片机的复位操作是_____，单片机复位后，堆栈指针 SP 的值是_____。

（10）当 $\overline{EA}$ 接地时，AT89C51 单片机将从_____的地址 0000H 开始执行程序。

（11）十六进制数 AA 转换为十进制数的结果是_____，二进制数 10110110 转换为十六进制数的结果是_____。

（12）215D=_____B=_____H。

（13）A2H=_____B=_____D。

（14）定时/计数器 T0 的中断服务地址区是_____，中断入口地址是_____。

（15）AT89C51 单片机共有____个并行 I/O 端口，其中 P0-P3 是准双向口，所以由输出转输入时必须先写入_____。

（16）P0 口的第二功能是_____。

（17）P2 口的第二功能是_____。

（18）P0 口要能输出高低电平，必须外接_____电阻。

2．选择题

（1）片内 RAM 的 20H～2FH 为位寻址区，所包含的位地址是（　　）。
A．00H～20H　　　B．00H～7FH　　　C．20H～2FH　　　D．00H～FFH

（2）AT89C51 单片机的复位信号是（　　）有效。
A．高电平　　　B．低电平　　　C．脉冲　　　D．下降沿

（3）当 AT89C51 单片机接有外部存储器，P2 口可作为（　　）。
A．数据输入口　　　　　　　　B．数据的输出口
C．准双向输入/输出口　　　　D．输出高 8 位地址

（4）若 MCS-51 单片机使用晶振频率为 6MHz 时，其复位持续时间应该超过（　　）。
A．2μs　　　B．4μs　　　C．8μs　　　D．1ms

（5）单片机的程序计数器（PC）是 16 位的，其寻址范围是（　　）。
A．128B　　　B．256B　　　C．8KB　　　D．64KB

（6）单片机的位寻址区位于内部 RAM 的（　　）单元。
A．00H～7FH　　　　　　　B．20H～7FH
C．00H～1FH　　　　　　　D．20H～2FH

（7）AT89C51 单片机的串行中断入口地址为（　　）。
A．0003H　　　B．0013H　　　C．0023H　　　D．0033H

（8）AT89C51 单片机的最小时序定时单位是（　　）。
A．状态　　　B．拍节　　　C．机器周期　　　D．指令周期

（9）不具有第二功能的 I/O 端口是（　　）。
A．P0　　　B．P1　　　C．P2　　　D．P3

（10）不能输出高低电平的 I/O 端口是（　　）。

A．P0　　　　　　　B．P1　　　　　　　C．P2　　　　　　　D．P3

3．简答题

（1）将下列无符号二进制数转换为十进制数和十六进制数。
　　①11010101B；　②11010011B；　③10101011B；　④10111101B

（2）将下列十进制数转换为二进制数和十六进制数。
　　①125D；　　　②38D；　　　　③231D；　　　　④314D

（3）将下列十六进制数转换为二进制数和十进制数。
　　①A2H；　　　②12H；　　　　③C8H；　　　　④95H

（4）写出下列各十进制数的原码、反码和补码。
　　①+28D；　　　②+69D；　　　③-125D；　　　④-54D

（5）AT89C51 单片机存储器的组织采用何种结构？存储器的地址空间如何划分？各地址空间的地址范围和容量如何？内容都是什么？

（6）AT89C51 单片机的 P0～P3 端口在结构上有何不同？在使用上有何特点？

（7）P3 口的第二功能是什么？

（8）已知单片机外接 8MHz 的晶振，试计算时序单位。

# 可控流水灯的设计与制作

**知识目标**

1. 理解 C51 语言和标准 C 语言的区别
2. 掌握 C51 语言的数据结构（存储种类/数据类型/存储类型/数据名称）
3. 掌握 C51 语言的运算符
4. 掌握 C51 语言的程序流程控制结构（顺序、条件选择、循环结构）
5. 掌握 C51 语言的函数

**能力目标**

1. 能够理解并说明 C51 语言和标准 C 语言的不同点
2. 能够正确声明 C51 语言的数据并初始化
3. 能够正确使用 C51 语言的运算符
4. 能够合理使用程序流程控制结构编程设计
5. 能够声明和定义 C51 语言的用户自定义函数
6. 能够声明和定义 C51 语言的中断函数

## 3.1 项目要求与分析

### 3.1.1 项目要求

需要设计一个流水灯控制电路，电路要求如下。

（1）选用单片机的 I/O 端口连接 8 个 LED 灯；初始化状态下，8 个 LED 灯处于灭的状态。

（2）8 个 LED 灯能在软件控制下实现多种流水灯：全体闪烁、奇偶交替闪烁、指定位闪烁、左右循环点亮等。

### 3.1.2 项目要求分析

根据项目要求的内容，需要满足以下要求，才可以完成项目的设计。

（1）硬件功能要求：系统由单片机和 8 个 LED 灯组成，完成单片机和 LED 灯的连接。

（2）软件功能要求：完成点亮 LED 灯的软件控制功能。初始状态，8 个 LED 灯全部熄灭；

能控制 8 个 LED 灯全部闪烁、奇偶交替闪烁、指定位闪烁、左右循环点亮等操作。

（3）环境要求：由 Proteus 软件和 Keil 软件构建。

为了实现上述功能要求，应该掌握以下知识。

（1）掌握 C51 语言的数据结构，根据项目要求，能正确声明和初始化数据。

（2）掌握 C51 语言的程序结构，根据项目要求，能正确设计程序流程。

（3）掌握 C51 语言的函数声明和定义的方法。

（4）理解 C51 语言和标准 C 语言的区别。

为了实现上述功能要求，应该具备以下能力。

（1）能够使用 Proteus 软件实现的硬件功能要求：完成单片机和 8 个 LED 的连接。

（2）能够使用 Keil 软件实现的软件功能要求：

① 能够正确声明程序所涉及的数据并初始化；

② 能够正确使用 C51 语言的运算符完成指定功能语句；

③ 能够使用合适的程序流程结构描述程序功能和执行过程；

④ 能够正确声明、定义和调用用户自定义的子函数。

（3）能够使用 Keil 软件和 Proteus 软件的联调开发环境完成整个项目设计，实现要求。

## 3.2 项目理论知识

### 3.2.1 单片机 C51 语言简介

**1．C51 语言的特点**

单片机的 C 语言编程称为 C51 编程。单片机 C51 语言是由 C 语言继承而来的。和 C 语言不同的是，C51 语言运行于单片机平台，而 C 语言则运行于普通的桌面平台。C51 语言具有 C 语言结构清晰的特点，便于学习，同时具有汇编语言的硬件操作能力。

C51 语言与标准 C 语言的主要区别如下。

（1）头文件：51 系列单片机有不同的厂家和系列，不同单片机的主要区别在于内部资源，为了实现内部资源功能，只要将相应的功能寄存器的头文件加载在程序中，就可实现指定的功能。因此，C51 语言的头文件集中体现了各系列芯片的不同功能。

（2）数据类型：由于 51 系列单片机包含了位操作空间和丰富的位操作指令，因此 C51 语言在标准 C 语言的基础上扩展了四种数据类型，以便能够灵活地进行操作。

（3）数据存储类型：通用计算机采用的是程序和数据统一寻址的冯·诺依曼结构，而 51 系列单片机采用哈佛结构，有程序存储器和数据存储器，数据存储器又分片内和片外数据存储器，因此 C51 语言专门定义了与以上存储器相对应的数据存储类型，包括 code、data、idata、xdata，以及根据 51 系列单片机特点而设定的 pdata 类型。

（4）中断处理：标准 C 语言没有处理中断的定义，而 C51 语言为了处理单片机的中断，专门定义了 interrupt 关键字。

（5）数据运算操作和程序控制：从数据运算操作和程序控制语句以及函数的使用上来讲，C51 语言与标准 C 语言几乎没有什么明显的差别。只是由于单片机系统的资源有限，它的编译系统不允许太多的程序嵌套。同时由于 51 系列单片机是 8 位机，所以扩展 16 位字符 Unicode

不被 C51 语言支持。ANSI C 语言所具备的递归特性也不被 C51 语言支持，所以在 C51 语言中如果要使用递归特性，必须用 REETRANT 关键字声明。

（6）库函数：标准 ANSI C 语言部分库函数不适合单片机，因此被排除在外，如字符屏幕和图形函数。也有一些库函数在 C51 语言中继续使用，但这些库函数是厂家针对硬件特点相应开发的，与 ANSI C 语言的构成和用法有很大的区别，如 printf 和 scanf。在 ANSI C 语言中，这两个函数通常用作屏幕打印和接收字符，而在 C51 语言中，主要用于串口数据的发送和接收。

用 C51 语言进行单片机软件开发，具有以下优点。

（1）可读性好。C51 语言程序比汇编语言程序的可读性好，编程效率高，程序便于修改。

（2）模块化开发与资源共享。用 C51 开发出来的程序模块可以不经修改，直接被其他项目所用，这使得开发者能够很好地利用已有的大量的标准 C 程序资源与丰富的库函数，减少重复劳动。

（3）可移植性好。为某种型号单片机开发的 C 语言程序，只需将与硬件相关之处和编译连接的参数进行适当修改，就可以方便地移植到其他型号的单片机上。例如，为 51 单片机编写的程序通过改写头文件以及少量的程序行，就可以方便地移植到 PIC 单片机上。

（4）代码效率高。当前较好的 C51 语言编译系统编译出来的代码效率只比直接使用汇编语言低 20%左右，如果使用优化编译选项，效果会更好。

### 2．C51 语言的程序框架

一个 C51 语言程序一般由编译预处理、函数和注释构成。C51 语言的最简程序框架：

```
#include <reg51.h>            //(1) 编译预处理

void main( )                  //(2) 函数（main 函数和子函数）
{
                              //(3) 注释（序言性注释和功能性注释）



}
```

有关 3 个组成的说明如下。

（1）编译预处理：在程序开头以"#"开头的就是编译预处理命令，是指在编译之前进行的处理。和标准 C 语言一样，C51 语言的预处理命令主要有三方面内容：宏定义、文件包含和条件编译。

（2）函数：函数是 C51 语言程序的基本单位，是指能完成一定功能的程序模块。1 个 C51 语言程序由 1 个或多个函数组成，其中至少包含 1 个 main 主函数，还可以包含多个子函数。

（3）注释：注释不参与程序的编译和运行，用于说明程序、函数或语句的功能。

### 3．C51 语言的关键字

关键字是编程语言保留的特殊标识符，也称为保留字，它们具有固定名称和含义，在 C51 语言的程序编写中不允许标识符与关键字相同。

与其他计算机语言相比，C51 语言不仅保有标准 C 语言的 32 个关键字，还扩展了 C51 语言特有的 20 个关键字。

1）标准 C 语言的关键字

标准 C 语言一共规定了 32 个关键字，如表 3-1 所示。

表 3-1  标准 C 语言的关键字

| 序 号 | 关键字 | 用 途 | 说 明 |
|---|---|---|---|
| 1 | auto | 存储种类说明 | 用以说明局部变量，默认值为此 |
| 2 | break | 程序语句 | 退出最内层循环体 |
| 3 | case | 程序语句 | switch 语句中的选择项 |
| 4 | char | 数据类型说明 | 单字节整型数或字符型数据 |
| 5 | const | 存储类型说明 | 在程序执行过程中不可更改的常量值 |
| 6 | continue | 程序语句 | 转向下一次循环 |
| 7 | default | 程序语句 | switch 语句中的失败选择项 |
| 8 | do | 程序语句 | 构成 do...while 循环结构 |
| 9 | double | 数据类型说明 | 双精度浮点数 |
| 10 | else | 程序语句 | 构成 if...else 选择结构 |
| 11 | enum | 数据类型说明 | 枚举 |
| 12 | extern | 存储种类说明 | 在其他程序模块中说明了的全局变量 |
| 13 | float | 数据类型说明 | 单精度浮点数 |
| 14 | for | 程序语句 | 构成 for 循环结构 |
| 15 | goto | 程序语句 | 构成 goto 转移结构 |
| 16 | if | 程序语句 | 构成 if...else 选择结构 |
| 17 | int | 数据类型说明 | 基本整型数 |
| 18 | long | 数据类型说明 | 长整型数 |
| 19 | register | 存储种类说明 | 使用 CPU 内部寄存的变量 |
| 20 | return | 程序语句 | 函数返回 |
| 21 | short | 数据类型说明 | 短整型数 |
| 22 | signed | 数据类型说明 | 有符号数，二进制数据的最高位为符号位 |
| 23 | sizeof | 运算符 | 计算表达式或数据类型的字节数 |
| 24 | static | 存储种类说明 | 静态变量 |
| 25 | struct | 数据类型说明 | 结构类型数据 |
| 26 | switch | 程序语句 | 构成 switch 选择结构 |
| 27 | typedef | 数据类型说明 | 重新进行数据类型定义 |
| 28 | union | 数据类型说明 | 联合类型数据 |
| 29 | unsigned | 数据类型说明 | 无符号数据 |
| 30 | void | 数据类型说明 | 无类型数据 |
| 31 | volatile | 数据类型说明 | 该变量在程序执行中可被隐含地改变 |
| 32 | while | 程序语句 | 构成 while 和 do...while 循环结构 |

其中，对上述关键字进行分类，具体情况如下。

（1）数据类型关键字：共 14 个。

char、int、long、short、double、float、signed、unsigned、typedef、struct、enum、union、void、volatile。

（2）程序语句关键字：共 12 个。

if、else、switch、case、break、default、for、do、while、continue、goto、return。

（3）存储种类、存储类型和运算符关键字：共 6 个。
auto、extern、register、static、const、sizeof。

2）C51 语言扩展的关键字

Keil C51 编译器除了支持 ANSI C 语言的 32 个关键字外，还有 20 个扩展的关键字，如表 3-2 所示。

表 3-2  C51 语言的扩展关键字

| 序 号 | 关 键 字 | 用 途 | 说 明 |
|---|---|---|---|
| 1 | _at_ | 地址定位 | 为变量定义存储空间绝对地址 |
| 2 | alien | 函数特性说明 | 声明与 PL/M51 兼容的函数 |
| 3 | bdata | 存储器类型说明 | 可位寻址的内部 RAM |
| 4 | bit | 位标量声明 | 声明一个位标量或位类型的函数 |
| 5 | code | 存储器类型说明 | 程序存储器空间 |
| 6 | compact | 存储器模式 | 使用外部分页 RAM 的存储模式 |
| 7 | data | 存储器类型说明 | 直接寻址的 8051 单片机内部数据存储器 |
| 8 | idata | 存储器类型说明 | 间接寻址的 8051 单片机内部数据存储器 |
| 9 | interrupt | 中断函数声明 | 定义一个中断函数 |
| 10 | large | 存储器模式 | 使用外部 RAM 的存储模式 |
| 11 | pdata | 存储器类型说明 | "分页"寻址的 8051 单片机外部数据存储器 |
| 12 | _priority_ | 多任务优先声明 | RTX51 的任务优先级 |
| 13 | reentrant | 再入函数声明 | 定义一个再入函数 |
| 14 | sbit | 位变量声明 | 声明一个可位寻址变量 |
| 15 | sfr | 特殊功能寄存器声明 | 声明一个特殊功能寄存器（8 位) |
| 16 | sfr16 | 特殊功能寄存器声明 | 声明一个 16 位的特殊功能寄存器 |
| 17 | small | 存储器模式 | 内部 RAM 的存储模式 |
| 18 | _task_ | 任务声明 | 定义实时多任务函数 |
| 19 | using | 寄存器组定义 | 定义 8051 单片机的工作寄存器组 |
| 20 | xdata | 存储器类型说明 | 8051 单片机外部数据存储器 |

## 3.2.2  单片机 C51 语言的数据结构

C51 语言的数据结构包括以下四要素：

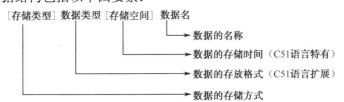

### 1. 存储类型

存储类型是指数据在内存中存储的方式，数据的存储类型有以下四种方式，具体如表 3-3 所示。

表 3-3 数据的存储类型

| 序 号 | 存储类型 | 关键字 | 存储方式说明 |
|---|---|---|---|
| 1 | 自动变量 | auto | 在函数内部定义的变量，退出函数后，分配给该变量的存储单元即自行消失（局部变量） |
| 2 | 外部变量 | extern | 在函数外部定义的变量，可始终保持变量的数值（全局变量）<br>【强调】一个外部变量只能被定义一次，在定义文件之外的地方使用时需用 extern 进行声明 |
| 3 | 静态变量 | static | 静态局部变量/静态全局变量 |
| 4 | 寄存器变量 | register | 以寄存器为存储空间的变量 |

注：若省略存储类型选项，则变量默认为自动变量。

**2. 数据类型**

C51 语言的数据类型分为基本数据类型（标准 C 语言的数据类型）和扩展数据类型，具体如表 3-4 所示。

表 3-4 C51 语言支持的数据类型

| 分 类 | 数据类型 | | 长 度 | 值 域 |
|---|---|---|---|---|
| 基本数据类型 | 字符型 | signed char | 1B | $-128 \sim +127$ |
| | | unsigned char | 1B | $0 \sim 255$ |
| | 整型 | signed int | 2B | $-32\,768 \sim +32\,767$ |
| | | unsigned int | 2B | $0 \sim 65\,535$ |
| | | signed long | 4B | $-2\,147\,483\,648 \sim +2\,147\,483\,647$ |
| | | unsigned long | 4B | $0 \sim 4\,294\,967\,295$ |
| | 实型 | float | 4B | $1.176E-38 \sim 3.40E+38$ |
| | 指针型 | data/idata/pdata | 1B | 1 字节地址 |
| | | code/xdata | 2B | 2 字节地址 |
| | | 通用指针 | 3B | 其中 1 字节为储存器类型编码，2、3 字节为地址偏移量 |
| 扩展数据类型 | 位型 | bit | 1bit | 0 或 1 |
| | 访问 SFR 的数据类型 | sbit | 1bit | 0 或 1 |
| | | sfr | 1B | $0 \sim 255$ |
| | | sfr16 | 2B | $0 \sim 65\,535$ |

根据单片机的存储空间结构，C51 语言在标准 C 语言的基础上，扩展了 4 种数据类型。

1）bit 型

用 bit 可以定义位变量，其语法规则如下。

| 语法格式 | bit 位变量名； |
|---|---|
| 定义内容 | 1 位的变量 |
| 存储空间 | 片内 RAM 低 128B 的位寻址区域 |
| 有效值 | 1（true），0（false） |

【例 3-1】 定义位变量。

```
bit    my_flag ;              /* 把 my_flag 定义为位变量 */
bit    direction_flag ;       /* 把 direction_flag 定义为位变量 */
```

【例 3-2】 定义函数的位变量参数。

函数可包含类型为"bit"的参数，也可以将其作为返回值。

```
bit  func(bit flag1, bit flag2)      /* 变量 flag1,flag2 作为函数的参数 */
{
    return (flag1);                  /* 变量 flag1 作为函数的返回值 */
}
```

注意：

（1）使用（#pragma disable）或包含明确的寄存器组切换（using n）的函数不能返回位值，否则编辑器将会给出一个错误信息。

（2）位变量不能定义成一个指针，原因是不能通过指针访问 bit 类型的数据。

（3）不能定义位数组，例如，不能定义：bit Show_Buf[10]。

2) sbit 型

用 sbit 定义特殊功能寄存器区的可位寻址位变量，其定义的语法规则如下。

| 语法格式 | sbit 位变量名 = 位地址; |
|---|---|
| 定义内容 | SFR 的可位寻址的位的绝对地址 |
| 存储空间 | 片内 RAM 高 128 字节的 SFR 区域中可位寻址位 |
| 有效值 | 1（true），0（false） |

其中，定义位变量时，将 SFR 的位的绝对地址赋值给位变量，使用位变量时，对位变量的修改就是对位地址下的数据进行修改。有关 SFR 的可位寻址位具体内容可以参见 AT89C51 单片机的特殊功能寄存器表。位地址的表达方式有三种：

① sbit 位变量名 = 直接位地址；

② sbit 位变量名 = SFR 的名称位；

③ sbit 位变量名 = SFR 的地址位。

【例 3-3】 定义 P1 端口中的 P1.1 引脚如下。

| | 7 | 6 | 5 | 4 | 3 | 2 | 1 | 0 | |
|---|---|---|---|---|---|---|---|---|---|
| P1 | 97H | 96H | 95H | 94H | 93H | 92H | 91H | 90H | 90H |
| | P1.7 | P1.6 | P1.5 | P1.4 | P1.3 | P1.2 | P1.1 | P1.0 | |

```
sbit P1_1 = 0x91;        //0x91 是 P1.1 的位地址
sbit P1_1 = P1^1;        //P1 端口寄存器的第 1 位
sbit P1_1 = 0x90^1;      //0x90 就是 P1 的地址
```

【例 3-4】 定义 PSW 寄存器的 CY 位。

```
sbit CY = 0xD7 ;         //0xD7 是 CY 的位地址
sbit CY = PSW^7;         //CY 位是 PSW 寄存器的第 7 位
sbit CY = 0xD0^7;        //0xD0 就是 PSW 寄存器的地址
```

3) sfr/sfr16

用 sfr/sfr16 定义 8 位或 16 位的特殊功能寄存器，其定义的语法规则如下。

| 语法格式 | sfr 寄存器名 = 寄存器地址; //8 位寄存器名<br>sfr16 寄存器名 = 寄存器地址;//16 位寄存器名 |
|---|---|

续表

| 定义内容 | 特殊功能寄存器 SFR 的地址 |
|---|---|
| 存储空间 | 片内 RAM 高 128 字节的 SFR 区域 |
| 有效值 | 对于 8 位寄存器：00H～FFH |
| | 对于 16 位寄存器：0000H～FFFFH |

其中，定义 SFR 变量时，将 SFR 的地址赋值给 SFR 变量，使用 SFR 变量时，对 SFR 变量的修改就是对 SFR 地址下的数据进行修改。

在 AT89C51 单片机中，只有 2 个 16 位的寄存器：PC 和 DPTR，其余 19 个寄存器均为 8 位寄存器，因此定义 SFR 变量时，需要区分是 8 位寄存器还是 16 位寄存器。

【例 3-5】 定义 4 个端口寄存器 P0、P1、P2、P3。

```
sfr P0 = 0x80;       //0x80 是 P0 端口寄存器的地址，直接控制 P0 口
sfr P1 = 0x90;       //0x90 是 P1 端口寄存器的地址，直接控制 P1 口
sfr P2 = 0xA0;       //0xA0 是 P2 端口寄存器的地址，直接控制 P2 口
sfr P3 = 0xB0;       //0xB0 是 P3 端口寄存器的地址，直接控制 P3 口
```

【例 3-6】 定义 DPTR 寄存器。

*DPTR 寄存器是一个 16 位寄存器，由两个 8 位的寄存器 DPH 和 DPL 组成。

```
Sfr16 DPTR = 0x82;   //0x82 是 DPTR 寄存器的低 8 位地址
sfr DPH = 0x83;      //0x83 是 DPH 寄存器的地址
sfr DPL = 0x82;      //0x82 是 DPL 寄存器的地址
```

**备注**：C51 编译器有头文件 reg51.h，在头文件中对 51 系列单片机所有的特殊功能寄存器进行了 sfr 定义，对特殊功能寄存器的有位名称的可寻址位进行了 sbit 定义。因此，在编写程序时，需要包含 reg51.h 头文件。

### 3．存储空间

从物理地址上看，单片机有 4 个物理存储空间：片内程序存储空间、片内数据存储空间、片外程序存储空间和片外数据存储空间。从用户使用的角度即逻辑上看，单片机有 3 个逻辑存储空间：片内片外统一编址的 64KB 程序存储区、256B 的内部数据存储区、64KB 的外部数据存储区。AT89C51 单片机的 3 个逻辑空间如图 3-1 所示。

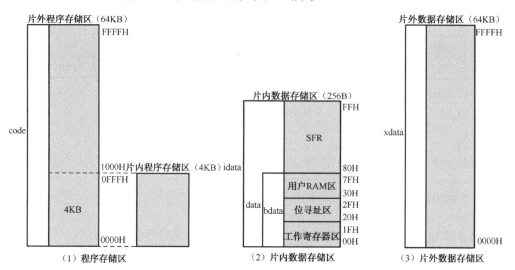

图 3-1　AT89C51 单片机的 3 个逻辑空间

为了说明数据存储的空间，C51语言用存储类型来说明，具体如表3-5所示。

表3-5 C51语言的数据存储类型

| 逻辑空间 | 存储类型 | 地址范围 | 说　　明 |
|---|---|---|---|
| 程序存储区 | code | 0000H～FFFFH | 常用于存储程序、大型数据、数据表格、常数 |
| 片内数据存储区 | idata | 00H～FFH | 片内RAM区256B |
| | data | 00H～7FH | 片内RAM区低128B，用于存储临时变量 |
| | bdata | 20H～2FH | 片内RAM区位寻址区，用于存储位变量 |
| 片外数据存储区 | xdata | 0000H～FFFFH | 常用于存储不常用的变量 |
| | pdata | 00H～FFH | 片外RAM划分成页，每页为256B |

1）程序存储区

程序存储区包含1个区域，即code区，空间大小为64KB。code区的数据是不可改变的，也不可重写。一般code区中可存放程序、常数、数据表、跳转向量和状态表。

2）片内数据存储区

片内数据存储区可分为以下3个区域。

（1）idata：片内间接寻址区，片内RAM所有地址单元（00H～FFH）。idata区也可以存放使用比较频繁的变量，使用寄存器作为指针进行寻址。在寄存器中设置8位地址进行间接寻址，与外部存储器寻址比较，它的指令执行周期和代码长度都比较短。

（2）data：片内直接寻址区，位于片内RAM的低128B。对data区的寻址是最快的，所以应该把使用频率高的变量放在data区，data区除了包含变量外，还包含了堆栈和寄存器组区间。寄存器组区间其实就是00H～1FH的内存空间，4组R0～R7。

（3）bdata：片内位寻址区，位于片内RAM位寻址区20H～2FH。当在data区的可位寻址区定义了变量，这个变量就可进行位寻址。这对状态寄存器来说十分有用，因为它可以单独使用变量的每一位，而不一定要用位变量名引用位变量。

3）片外数据存储区

片外数据存储区包括以下两个区域。

（1）xdata：片外数据存储器RAM的64KB空间。

（2）pdata：片外数据存储器分页寻址区，一页为256B，用于总线扩展的外部设备。

★备注：定义数据的存储器类型通常遵循如下原则。

只要条件满足，尽量选择内部直接寻址的存储类型data，然后选择idata即内部间接寻址。对于那些经常使用的变量要使用内部寻址。在内部数据存储器数量有限或不能满足要求的情况下才使用外部数据存储器。选择外部数据存储器可先选择pdata类型，最后选用xdata类型。

### 3.2.3 单片机C51语言的程序结构

#### 1. C51语言的运算符

运算符是完成某种特定运算的符号。按参与运算的运算对象的个数来分，C51语言的运算符可分为单目运算符、双目运算符和三目运算符。单目就是指需要有一个运算对象，双目就要求有两个运算对象，三目则要三个运算对象。按运算符的功能来分，C51语言的运算符可分为算术运算符、关系运算符、逻辑运算符、位运算符等，如表3-6所示。

表 3-6　C51 语言的运算符

| 优先级 | 分类 | 运算符 | 含义 | 结合方向 |
|---|---|---|---|---|
| 1 | 圆括号运算符 | ( ) | 圆括号 | 自左向右 |
| 1 | 下标运算符 | [ ] | 下标运算符 | 自左向右 |
| 1 | 分量运算符 | -> | 指向结构体成员运算符 | 自左向右 |
| 1 | 分量运算符 | . | 结构体成员运算符 | 自左向右 |
| 2 | 逻辑运算符（单目） | ! | 逻辑非运算符 | 自右向左 |
| 2 | 位运算符（单目） | ~ | 按位取反运算符 | 自右向左 |
| 2 | 算术运算符（单目） | ++、-- | 自增、自减运算符 | 自右向左 |
| 2 | 算术运算符（单目） | — | 负号运算符 | 自右向左 |
| 2 | 类型转换运算符 | (类型) | 强制类型转换运算符 | 自右向左 |
| 2 | 指针运算符（单目） | * | 指针运算符（复引用运算符） | 自右向左 |
| 2 | 指针运算符（单目） | & | 地址运算符（引用运算符） | 自右向左 |
| 2 | 长度运算符（单目） | sizeof() | 求字节数 | 自右向左 |
| 3 | 算术运算符（双目） | *、/ | 乘法、除法运算符 | 自左向右 |
| 3 | 算术运算符（双目） | % | 求余运算符 | 自左向右 |
| 4 | 算术运算符（双目） | +、— | 加法、减法运算符 | 自左向右 |
| 5 | 位运算符（双目） | >>、<< | 移位运算符 | 自左向右 |
| 6 | 关系运算符（双目） | <、<=、>、>= | 关系运算符 | 自左向右 |
| 7 | 关系运算符（双目） | ==、!= | 等于、不等于运算符 | 自左向右 |
| 8 | 位运算符（双目） | & | 按位与运算符 | 自左向右 |
| 9 | 位运算符（双目） | ∧ | 按位异或运算符 | 自左向右 |
| 10 | 位运算符（双目） | \| | 按位或运算符 | 自左向右 |
| 11 | 逻辑运算符（双目） | && | 逻辑与运算符 | 自左向右 |
| 12 | 逻辑运算符（双目） | \|\| | 逻辑或运算符 | 自左向右 |
| 13 | 条件运算符（三目） | ? : | 条件运算符 | 自右向左 |
| 14 | 赋值运算符 | =、+=、-=、*=、/=、%=、>>=、<<=、&=、∧=、\|= | 赋值运算符 | 自右向左 |
| 15 | 逗号运算符 | , | 逗号运算符（顺序求值） | 自左向右 |

## 2．C51 语言的表达式

表达式是由运算符及运算对象所组成的具有特定含义的式子，表达式后面加";"号就构成了一个表达式语句。

### 1）算术表达式

由算术运算符和运算对象组成的式子，称为算术表达式，用于完成数据的运算操作。常见的算术表达式如下。

| 基本算术表达式 | 表达式1 算术运算符 表达式2; |
|---|---|
| 自增、自减算术表达式 | 自增、自减运算符 表达式; |
| 自增、自减算术表达式 | 表达式 自增、自减运算符; |
| 复合算术表达式 | 表达式1 赋值运算符 表达式2; |

基本算术表达式的优先级与结合性：
① 先乘除，后加减，括号最优先；
② 一个运算对象两侧的运算符的优先级别相同时的运算顺序。

注意：如果一个运算符的两侧的数据类型不同，则必须通过数据类型转换，将其转换成同种类型。

自增、自减算术表达式的结合性：
① 自增、自减运算符的结合方向是"自右向左"；
② 值得注意的是，自增、自减运算表达式只能用于变量，而不能用于常量表达式。

【例3-7】 书写正确的算术表达式：

c=a + b;
i++;
++i;
sum+=1;（等价于 sum=sum+1）

2）关系表达式
由关系运算符和运算对象组成的式子，称为关系表达式，用于表示数据之间的关系。

| 关系表达式 | 表达式1 关系运算符 表达式2; |
| --- | --- |

关系运算符的优先级及结合性：
① 前四种关系运算符优先级相同，后两种相同，但是前四种要高于后两者；
② 关系运算符的优先级低于算术运算符；
③ 关系运算符的优先级高于赋值运算符；
④ 关系运算符的结合性为左结合；
⑤ 关系表达式的结果总是一个逻辑值，即真（逻辑1）或假（逻辑0）。

【例3-8】 书写正确的关系表达式：

i<10;

3）逻辑表达式
由逻辑运算符和运算对象组成的式子，称为逻辑表达式，用于表示数据之间的逻辑关系。

| 逻辑表达式 | 表达式1 逻辑运算符 表达式2; |
| --- | --- |

逻辑运算符的优先级：
① 逻辑表达式的结合性为自左向右；
② 逻辑表达式的值应该是一个逻辑量真（逻辑1）或假（逻辑0）。

【例3-9】 书写正确的逻辑表达式：

c = a && b;

4）位运算表达式
由位运算符和运算对象组成的式子，称为位运算表达式，用于位数据之间的运算。

| 位运算表达式 | 数据1 位运算符 数据2; |
| --- | --- |

其中，数据应该为整型或字符型。

【例3-10】 书写正确的位运算表达式：

c = a & b;

### 3. C51 语言的程序结构

从程序流程控制的角度来看，程序分为 3 个基本结构：顺序结构、选择结构和循环结构。

1）顺序结构

顺序结构是程序的基本结构，程序按照书写顺序自上而下地逐条执行语句的程序结构。

2）选择结构

选择结构又称为分支结构，当程序执行时，先判断给定的条件，然后根据条件判断结果执行相应分支语句的程序结构。

常见的选择结构语句有：

① if 语句、if-else 语句、if-else if 语句；

② switch-case 语句。

3）循环结构

循环结构的特点是：当给定的条件成立时，重复执行某程序段，直到条件不成立为止。给定的条件称为循环条件，包括起始条件和循环条件，反复执行的程序段称为循环体。

常见的循环结构语句：

① while 语句、do…while 语句：

```
起始条件;                         起始条件;
while(循环条件)                   do
{                                 {
    循环体;                           循环体;
}                                 }while(循环条件);
```

② for 语句：

```
for(起始条件;循环条件;循环变量){   循环体;   }
```

## 3.2.4 单片机 C51 语言的函数

函数是 C51 语言的重要组成部分，是从标准 C 语言中继承而来的。C51 语言程序的基本组成单位是函数，一个 C51 语言程序是由若干个模块化的函数组成的。

C51 语言程序都是由一个主函数 main（）和若干个子函数构成的，有且只有一个主函数。程序由主函数的第一个可执行语句开始执行，到主函数的最后一个可执行语句结束。其他子函数都是在 main 函数的执行过程中，通过函数调用得以执行的。可以调用的函数包括库函数，也包括用户自定义函数。

### 1. C51 语言的库函数

C51 语言提供了大量的功能强大的库函数。这些库函数都是编译系统自带的已定义好的函数，用户可以在程序中直接调用，而无须再定义。

每个库函数都在相应的头文件中给出了函数原型声明，在 C51 语言中使用库函数时，必须在源程序的开始处使用预处理命令#include 将相应的头文件包含进来。

常用的库函数具体如表 3-7 所示，具体的内容参见附录 C。

表 3-7 C51 语言的库函数

| 序 号 | 库 函 数 | 库函数声明文件 | 库函数说明 |
|---|---|---|---|
| 1 | 寄存器库函数 | regXX.h | 特殊功能寄存器定义 |
| 2 | I/O 库函数 | stdio.h | 串口输入输出数据 |

续表

| 序　号 | 库 函 数 | 库函数声明文件 | 库函数说明 |
|---|---|---|---|
| 3 | 标准库函数 | stdlib.h | 数据类型转换盒存储区分配 |
| 4 | 字符库函数 | CTYPE.H | 对单个字符的处理 |
| 5 | 字符串库函数 | STRING.H | 字符串的处理 |
| 6 | 内部库函数 | intrins.h | 循环移位和延时操作 |
| 7 | 数学库函数 | math.h | 数学计算操作 |
| 8 | 绝对地址访问库函数 | ABSACC.H | 访问存储空间 |
| 9 | 变量参数表库函数 | stdarg.h | 变化函数参数的个数和类型 |
| 10 | 全程跳转库函数 | setjmp.h | 程序跳转操作 |
| 11 | 偏移量库函数 | stddef.h | 结构体偏移量操作 |

### 2．C51 语言的用户自定义函数

用户自定义函数是由用户按功能需要写的函数。对于用户自定义函数，不仅要在程序中定义函数本身，而且在主调函数模块中还必须对该被调函数进行类型说明，然后才能使用。

1）函数的声明（说明函数的存在）

函数的声明主要是说明函数的存在，存在的三个要素是：函数返回值类型、函数名和函数形式参数列表。具体的函数声明格式：

函数返回值类型　函数名（函数形式参数列表）；

（1）函数返回值类型：函数被调用执行完后将向调用者返回一个执行结果，为函数返回值。

① 有返回值函数：如果函数有返回值，须在函数定义和函数说明中明确返回值的类型。

② 无返回值函数：如果函数没有返回值，则指定它的返回值类型为"空类型"，空类型的说明符为"void"。

（2）函数形式参数列表：主调函数和被调函数之间传送的数据列表，包括数据类型和名称。

① 无参函数：主调函数和被调函数之间不进行参数传送。此类函数通常用来完成一组指定的功能。函数定义、函数声明及函数调用中均不带参数。

② 有参函数：主调函数和被调函数之间不进行参数传送。在函数定义及函数声明时都有参数，称为形式参数（简称为形参）。在函数调用时也必须给出参数，称为实际参数（简称为实参）。进行函数调用时，主调函数将把实参的值传送给形参，供被调函数使用。

2）函数的定义（说明函数的动作与功能）

函数的定义主要是说明函数的功能是什么，如何动作。函数的定义除了需要说明函数返回值类型、函数名和函数参数列表外，还需重点说明函数体，说明函数如何动作实现函数功能。

函数返回值类型　函数名（函数形式参数列表）
{
　　函数体；
}

3）函数的调用（使用函数）

函数的调用就是使用具有一定功能的函数。具体的函数调用的格式如下：

函数名（函数实际参数列表）；

将主调函数中的实参值传递给被调函数的形参，从而实现主调函数向被调函数的数据传送，然后被调函数再将函数返回值传递给主调函数，这样就实现了函数间的调用。

对无参函数调用时则无实际参数表。实际参数表中的参数可以是常数、变量或其他构造类型数据及表达式。各实参之间用逗号分隔。

用户自定义函数在 main()函数中调用时的三种方式：

① 函数语句：把函数调用作为一个语句，适用无返回值的函数，如 printstar( );

② 函数表达式：把函数调用作为一个表达式，适用有返回值的函数，如 c=2×max(a,b);

③ 函数参数：函数调用作为一个函数的实参，适用有返回值的函数，如 m=max(a,max(b,c))。

### 3. C51 语言的中断服务函数

C51 语言的中断服务函数也是一种特殊的用户自定义函数，C51 语言扩展的函数，为了使用单片机内部的中断结构。具体函数声明格式：

函数返回值类型　函数名（函数形式参数列表） interrupt  n；

关键字 interrupt 后面的 $n$ 是中断号，$n$ 的取值为 0～31，但是对于 AT89C51 单片机只有 5 个中断源，因此 $n$ 取值只是从 0～4。

0 —— 外部中断 0；

1 —— 定时/计数器 T0 溢出中断；

2 —— 外部中断 1；

3 —— 定时/计数器 T1 溢出中断；

4 —— 串行中断。

## 3.3  项目概要设计

### 3.3.1  可控流水灯项目的概要设计

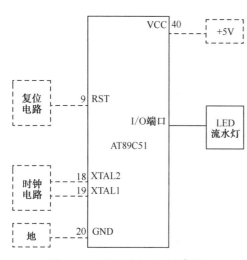

可控流水灯项目的设计不仅需要考虑软件部分，还需要合理设计硬件部分。

可控流水灯项目的框图如图 3-2 所示。

从图 3-2 中可以看出，除了单片机最小系统所需要的电源电路、时钟电路和复位电路外，还需要根据本项目的要求，增加 LED 流水灯电路。

项目设计的主要内容是：

① 确定硬件电路所使用 I/O 端口及其个数、LED 和端口的连接方法；

② 确定软件代码如何控制 LED 灯的亮灭、流水灯闪烁频率。

图 3-2  可控流水灯项目的框图

### 3.3.2 硬件电路的概要设计

可控流水灯项目硬件电路需要考虑以下两个内容。

1）I/O 端口的选择

单片机 AT89C51 共有 4 组 I/O 端口，分别为 P0、P1、P2 和 P3，每组 I/O 端口共有 8 个端口。这 4 组 I/O 端口的结构不是完全相同的，其中，P0 端口没有内部上拉电阻，其余 3 个都有内部上拉电阻，因此，使用 P0 端口需要外接上拉电阻，而其余的 P1、P2 和 P3 端口都不需要。P0 口通常用于低 8 位地址线/数据线的扩展，P2 口常用于高位地址线的扩展，P3 口常用第二功能。

根据上述分析，为了简化电路设计，可控流水灯项目的 I/O 端口采用 P1 口。要形成流水灯的效果，不能只是 1 个 LED 灯，这里设计成 8 个 LED 灯连接到 P1 口。

2）LED 和 I/O 端口的连接方法

LED（Light-Emitting Diode）是发光二极管，具有单向导电性，正向导通时发光。发光二极管的导通电流不能太大，小于 20mA，因此电路连接时要接限流电阻。

发光二极管 LED 的硬件电路连接方法如图 3-3 所示。

### 3.3.3 软件程序的概要设计

可控流水灯项目的软件设计的核心是：软件如何控制硬件电路。

可控流水灯项目的控制流向图如图 3-4 所示，其说明如表 3-8 所示。

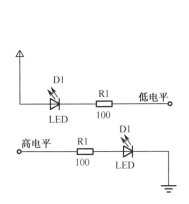

图 3-3 发光二极管 LED 的硬件电路连接方法

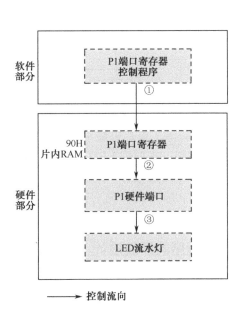

图 3-4 可控流水灯项目的控制流向图

表 3-8 可控流水灯项目的控制流向图的说明

| 序 号 | 说 明 |
|---|---|
| ① | "P1 端口寄存器控制程序"控制"P1 端口寄存器"每一位的数据值（0 或 1） |
| ② | "P1 端口寄存器"的数据控制"P1 硬件端口"的高低电平状态 |
| ③ | "P1 硬件端口"的高低电平状态控制"LED 流水灯"的亮灭状态 |

通过控制流向的分析，软件设计的程序的功能就是控制 P1 端口寄存器的数据值，相当于给 P1 端口寄存器赋值。

## 3.4 项目详细设计

### 3.4.1 硬件电路的详细设计

根据可控流水灯项目的硬件电路概要设计，其详细设计图如图 3-5 所示。

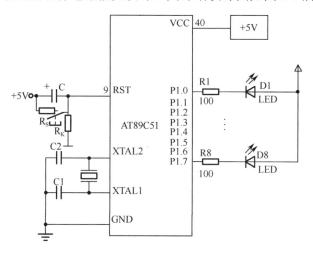

图 3-5 可控流水灯项目的硬件详细设计图

在图 3-5 中，除了单片机最小系统所需的电源电路、时钟电路和复位电路外，需要重点设计的是流水灯电路，主要由 LED 灯 D1～D8 和电阻 R1～R8 构成。

根据流水灯电路的设计，P1 端口的电平状态为低电平时，点亮 LED 灯，P1 端口的电平状态为高电平时，熄灭 LED 灯。初始化状态时，P1 端口的初始值为 0XFF，此时 LED 灯 D1～D8 全部熄灭。

### 3.4.2 软件程序的详细设计

根据可控流水灯软件模块的概要设计，软件部分的设计主要是完成对 P1 端口寄存器的赋值。可控流水灯项目的处理流程图如图 3-6 所示，其说明如表 3-9 所示。

项目三 可控流水灯的设计与制作

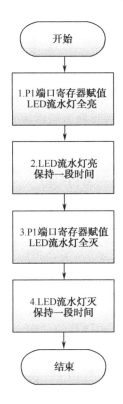

图 3-6　可控流水灯项目的处理流程图

表 3-9　可控流水灯项目的处理流程图的说明

| 序　号 | 说　　明 |
|---|---|
| 1 | 赋值 P1 端口寄存器，控制 P1 端口电平状态，全为低电平，LED 灯全部点亮 |
| 2 | 通过延时程序，让 LED 灯亮的状态保持一会儿 |
| 3 | 赋值 P1 端口寄存器，控制 P1 端口电平状态，全为高电平，LED 灯全部熄灭 |
| 4 | 通过延时程序，让 LED 灯熄灭的状态保持一会儿 |

## 3.5　项目实施

### 3.5.1　硬件电路的实施

可控流水灯项目的硬件电路实施步骤如下。

1．第一步——新建设计
2．第二步——选择元器件

项目三所使用的元器件清单如表 3-10 所示。

表 3-10　项目三所使用的元器件清单

| 序　号 | 库参考名称 | 库 | 描　　述 |
|---|---|---|---|
| 1 | AT89C51 | MCS8051 | 8051 Microcontroller |

续表

| 序　号 | 库参考名称 | 库 | 描　述 |
|---|---|---|---|
| 2 | RES | DEVICE | Generic resistor symbol |
| 3 | LED-GREEN | ACTIVE | Animated LED Model(Green) |

3．第三步——放置对象（包括元器件和电源终端）并布局

4．第四步——编辑修改元器件参数

5．第五步——放置连线，连接对象，建立原理图

建立的可控流水灯项目的原理图如图 3-7 所示。

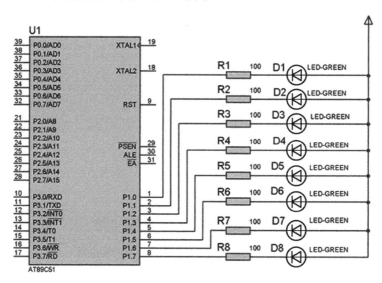

图 3-7　可控流水灯项目的原理图

## 3.5.2　软件程序的实施

有关可控流水灯项目的软件程序的实施，具体步骤如下。

1．第一步——新建项目工程文件夹

为本项目新建一个文件夹，名称为"项目三"，用于保存项目所有文件。

2．第二步——新建项目工程

在弹出的对话框的"文件名"框中输入"项目三"，然后单击"保存"按钮。

3．第三步——新建程序源文件

将编辑窗口中的 Text 文件保存为"项目三.c"源文件。

4．第四步——将新建的文件添加到新建的工程中

5．第五步——编辑程序源文件

在编辑窗口的"项目三.c"源文件中编辑程序代码。

```
/*****************************/
/*   文件名称：项目三.c           */
/*   功　能：实现可控流水灯        */
/*****************************/
```

```c
#include <reg51.h>

void main()
{
    int i;                      //用于延时的循环变量
    P1=0x00;                    //1.P1端口寄存器赋值，LED流水灯全亮
    for(i=0;i<5000;i++);        //2.LED流水灯亮
    P1=0xFF;                    //3.P1端口寄存器赋值，LED流水灯全灭
    for(i=0;i<5000;i++);        //4.LED流水灯灭
}
```

6. 第六步——编译工程

## 3.6 项目仿真与调试

### 3.6.1 项目仿真

有关可控流水灯项目的仿真，具体步骤如下。

1．第一步——Keil 软件环境设置

在弹出的"设置选项"对话框中，单击"调试"选项卡，在右侧"使用"单选钮后的下拉菜单里选中"Proteus VSM Simulator"选项，并且还要选中"使用"单选钮。

2．第二步——Proteus 软件环境设置

选择【调试】→【使用外部远程调试监控】菜单命令，允许外部 Keil 软件远程调试。

3．第三步——Keil 软件和 Proteus 软件联调

4．第四步——查看运行结果

根据项目要求，查看 AT89C51 单片机的 P1 端口连接的 8 个 LED 灯按一定间隔亮灭，如图 3-8 所示。

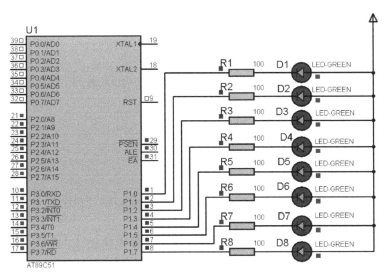

图 3-8　可控流水灯项目运行后的状态

## 3.6.2 项目调试

在项目调试的过程中，可以通过 Keil 软件查看端口的电平状态。
（1）在程序中合适位置设置断点，按 F9 按键设置，进入调试模式，如图 3-9 所示。

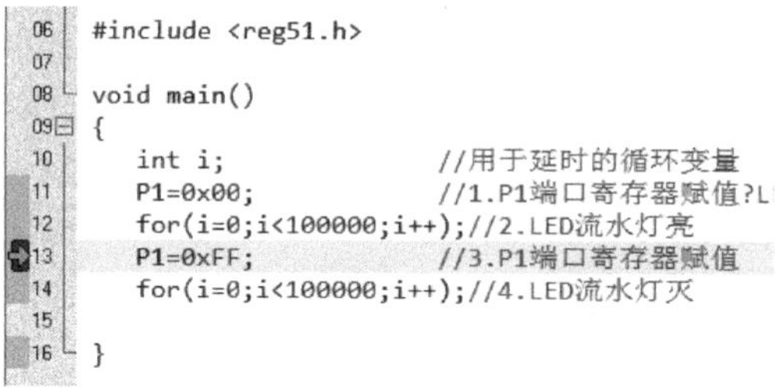

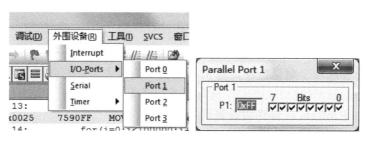

图 3-9　可控流水灯项目的源程序设置断点

（2）选择【外围设备】→【I/O-Ports】→【Port 1】菜单命令查看 P1 端口状态，如图 3-10 所示。

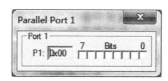

图 3-10　可控流水灯项目的查看端口状态

可见，在复位状态时，I/O 端口的电平状态全为高电平，例如，P1=0xFF。
（3）运行程序至指定断点处，查看 P1 端口的电平状态，如图 3-11 所示。

图 3-11　可控流水灯项目的 P1 的端口状态

根据程序的设置，将指定端口电平状态设置为低电平。

# 3.7　项目小结

本项目是设计一个可控流水灯，通过本项目了解和掌握单片机的软件理论知识。通过项目实施的结果可以看出，项目达到的要求如下。
（1）通过使用 Proteus 软件完成可控流水灯系统的硬件电路设计：由单片机和 8 个 LED 灯组成，完成单片机和 LED 灯的连接。
（2）通过 Keil 软件完成可控流水灯系统的软件程序设计：完成点亮 LED 灯的软件控制功

能。能控制初始状态时 8 个 LED 灯全部熄灭；能控制 8 个 LED 灯全部闪烁、奇偶交替闪烁、指定位闪烁、左右循环点亮等操作。

（3）通过联调设置，能够使用 Proteus 软件和 Keil 软件联调，查看 LED 灯工作状态，查看端口的状态。

其次，通过本项目的实施，掌握单片机的软件理论知识如下。

（1）C51 语言的数据结构：数据结构的 4 个要素：存储类型、数据类型、存储空间和数据名称。重点掌握基本的数据类型和扩展的数据类型；根据项目要求，能正确定义和初始化程序所设计的数据；能正确设置数据的存储空间。

（2）C51 语言的运算符和程序结构：根据项目要求，能正确设计数据操作和程序流程结构。

（3）C51 语言的函数：声明、定义和调用用户自定义函数的方法；使用库函数的方法；单片机中断函数的声明、定义和调用的方法。

通过掌握上述有关单片机的软件理论知识，才可以设计单片机的软件程序，完成软件对硬件电路的控制功能。

通过本次项目的实施，还要掌握其他 LED 闪速的控制方法。

## 3.8 项目拓展

### 3.8.1 奇偶交替 LED 灯闪烁

在编辑窗口的"项目三.c"源文件中编辑程序代码。

```c
#include <reg51.h>

void main()
{
    int i;                    //用于延时的循环变量
    P1=0x55;                  //1. 奇数位点亮，偶数位熄灭
    for(i=0;i<5000;i++);      //2. 延时保持一会儿
    P1=0xAA;                  //3. 奇数位熄灭，偶数位点亮
    for(i=0;i<5000;i++);      //4. 延时保持一会儿
}
```

### 3.8.2 左循环点亮流水灯

在编辑窗口的"项目三.c"源文件中编辑程序代码。

```c
#include <reg51.h>

void main()
{
    int i,j;                  //i——延时的循环变量，j——左循环位移量
    P1=0x01;                  //1. P1 赋值，初始状态为最低位亮，其余位灭
    for(j=0;j<8;j++)          //2. 第 0 位开始，到第 7 位，左移位移量为 0~7
    {
        P1=P1<<j;             //3. 左移 j 位，j 为左移位移量（0~7）
```

```
            for(i=0;i<10000;i++);        //4. 延时保持一会儿
    }
}
```

注：编程的过程中，注意对硬件 I/O 端口的控制。

## 3.9 理论训练

**1．填空题**

（1）C51 语言程序的基本单位是_____，且必须包含一个_____。

（2）C51 语言扩展的数据类型是_____、_____、_____和_____。

（3）用于定义寄存器的数据类型是_____和_____，寄存器位变量的是_____。

（4）用于定义位寻址区的位变量的数据类型是_____。

（5）单片机的 4 个物理空间是_____、_____、_____和_____。

（6）单片机的 3 个逻辑空间是_____、_____和_____。

（7）data 区域可以划分为_____、_____和_____。

（8）bdata 区域共有_____个字节，字节地址范围是_____，共有_____个位，位地址范围是_____。

（9）C51 数据结构的 4 个要素是_____、_____、_____和_____。

（10）Keil C51 软件中，工程文件的扩展名是_____，编译连接后生成可烧写的文件扩展名是_____。

（11）C51 的存储类型有_____、_____、_____、_____、_____、_____。

（12）C51 中 0x75 | 0x42 运算结果是_____。

**2．选择题**

（1）下列选项中不是 C51 编程时使用的关键字的是（      ）。

A．integer          B．define          C．break          D．sbit

（2）C 语言中最简单的数据类型包括（      ）。

A．整型、实型、逻辑型                B．整型、实型、字符型

C．整型、字符型、逻辑型              D．整型、实型、逻辑型、字符型

（3）利用下列（      ）关键字可以改变工作寄存器组。

A．interrupt        B．sfr             C．while           D．using

（4）下列（      ）不是 C51 的预处理命令。

A．#include         B．#define         C．#exit           D．#if

（5）下列（      ）不是 C51 的数据类型。

A．void             B．string          C．char            D．float

（6）在 C51 的程序里，若要指定 P0 口的 bit3，编写成（      ）。

A．P0.3             B．Port0.3         C．P0^3            D．Port^3

**3．简答题**

（1）C51 的 data、bdata、idata 有什么区别？

（2）按照给定的数据类型和存储类型，写出下列变量的说明形式：

① 在 data 区定义字符变量 val1；

② 在 idata 区定义整型变量 val2；
③ 在 xdata 区定义无符号字符型数组 val3[4]；
④ 在 xdata 区定义一个指向 char 类型的指针 px；
⑤ 定义可位寻址变量 flag；
⑥ 定义特殊功能寄存器变量 P3。

4．编程题

（1）已知 P3 口接有发光二极管的阴极，编写程序使发光二极管闪烁三次。

（2）已知单片机的 P3 口接有发光二极管，且当 P3 口为低电平时对应的发光二极管被点亮，编写程序使发光二极管从右向左依次轮流点亮。

# 内部应用篇

# 交通灯控制器的设计与制作

**知识目标**

1. 了解单片机的中断的硬件结构
2. 掌握单片机中断相关的寄存器
3. 掌握单片机中断响应过程

**能力目标**

1. 能够在中断硬件结构图中说明中断相关寄存器
2. 能够在中断硬件结构图中说明中断响应过程
3. 能够正确初始化设置中断寄存器

## 4.1 项目要求与分析

### 4.1.1 项目要求

需要设计交通灯控制器,项目要求具体内容如下。
(1)采用单片机的 I/O 端口连接红色、绿色和黄色 LED 灯,模拟实际交通灯。
(2)采用单片机的 I/O 端口连接按键,当按键按下的时候,交通灯发生变换。
(3)按键没有按下之前,交通灯的状态是:红灯亮、绿灯灭、黄灯灭,行人禁止通过;
当按键按下时,交通灯的状态变化为:红灯灭、绿灯亮、黄灯灭,行人通过;
当按键再次抬起时,交通灯保持行人通过状态一段时间后,又恢复到行人禁止通过。

### 4.1.2 项目要求分析

根据项目要求的内容,需要满足以下要求,才可以完成项目的设计。
(1)硬件功能要求:系统由单片机、3个 LED 灯和1个按键组成,需要完成单片机和 LED

灯的连接，单片机和按键的连接。

（2）软件功能要求：完成根据按键的状态控制交通灯 LED 灯的软件功能。其中，重要的是，软件要实时响应按键的状态，按键按下的时候，就应该从行人禁止通过的状态转换到行人通过的状态；按键再次抬起的时候，就应该从行人通过的状态转换到行人禁止通过的状态。

（3）环境要求：由 Proteus 软件和 Keil 软件构建。

为了实现上述功能要求，重点需要掌握如何实时响应按键状态的方法。其中，实时响应按键状态的过程的具体说明：

① 按键按下，当前程序中断；
② 单片机 CPU 知道按键按下；
③ 单片机 CPU 调用按键按下处理函数；
④ 执行按键按下的处理；
⑤ 处理完按键按下，继续中断的程序。

单片机内部的中断结构可以完成实时响应按键状态。为了实现项目要求的内容，应该掌握的知识：

① 中断的硬件结构；
② 中断硬件结构的控制；
③ 中断的响应过程。

为了实现上述功能要求，应该具备的能力：

① 能够使用 Proteus 软件实现的硬件功能要求；
② 能够使用 Keil 软件，实现实时响应按键状态的软件功能要求：
● 能够控制中断硬件结构中的相关寄存器
● 能够说明中断响应的过程
③ 能够使用 Keil 软件和 Proteus 软件的联调开发环境完成整个项目设计，实现要求。

## 4.2 项目理论知识

### 4.2.1 单片机中断的定义

CPU 在执行主程序时，发生了中断，请求 CPU 迅速去处理（中断发生）；CPU 暂时中断当前主程序的工作，转去处理中断服务子程序（中断响应和中断服务）；待 CPU 将中断服务子程序处理完毕后，再回到原来主程序被中断的地方继续执行主程序（中断返回），这一过程称为中断。单片机的中断处理过程如图 4-1 所示。

根据图 4-1 所示的中断处理过程，需要明确的有关中断的一些概念：

① 中断源产生：产生引起中断的来源；
② 中断请求：中断源要求 CPU 处理的请求；
③ 中断调用：CPU 转去执行相应的中断服务子程序；
④ 中断响应：CPU 执行中断服务子程序；
⑤ 中断返回：CPU 执行完中断服务子程序，返回到主程序。

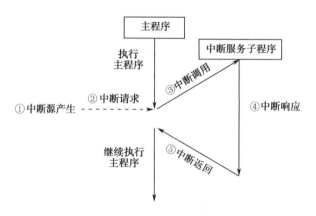

图 4-1  单片机的中断处理过程

## 4.2.2  单片机中断的硬件结构

AT89C51 单片机的中断系统结构如图 4-2 所示。

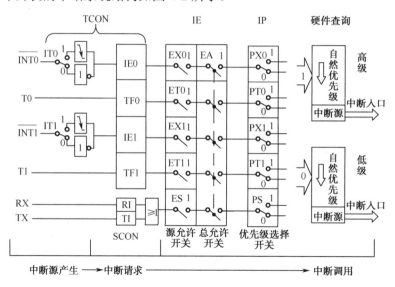

图 4-2  AT89C51 单片机的中断系统结构

### 1．外部中断源

外部中断 0（$\overline{INT0}$）：来自 P3.2 引脚，采集到低电平或者下降沿时，产生中断请求。

外部中断 1（$\overline{INT1}$）：来自 P3.3 引脚，采集到低电平或者下降沿时，产生中断请求。

### 2．内部中断源

定时/计数器 0（T0）：定时功能时，计数脉冲来自片内；计数功能时，计数脉冲来自片外 P3.4 引脚。发生溢出时，产生中断请求。

定时/计数器 1（T1）：定时功能时，计数脉冲来自片内；计数功能时，计数脉冲来自片外 P3.5 引脚。发生溢出时，产生中断请求。

串行口：单片机完成接收或发送一组数据时，产生中断请求。

## 4.2.3 单片机中断的寄存器

根据单片机的中断结构，可以看出，单片机设置了 4 个专用寄存器用于中断控制，用户通过设置其状态来管理中断系统。

### 1．定时器控制寄存器（TCON）

| TCON (88H) | D7 | D6 | D5 | D4 | D3 | D2 | D1 | D0 |
|---|---|---|---|---|---|---|---|---|
| | TF1 | TR1 | TF0 | TR0 | IE1 | IT1 | IE0 | IT0 |

（1）寄存器的作用：用于反应中断请求，启动定时/计数器，设置外部中断请求方式。
（2）寄存器的内容：如表 4-1 所示。

表 4-1　定时器控制寄存器（TCON）的内容

| 位　号 | 位　名　称 | 说　明 |
|---|---|---|
| D7 | TF1 | 定时/计数器 1 溢出中断请求标志位：1——有中断请求；0——无中断请求 |
| D6 | TR1 | 定时/计数器 1 启动标志位：1——启动；0——关闭 |
| D5 | TF0 | 定时/计数器 0 溢出中断请求标志位：1——有中断请求；0——无中断请求 |
| D4 | TR0 | 定时/计数器 0 启动标志位：1——启动；0——关闭 |
| D3 | IE1 | 外部中断 1 请求标志位：1——有中断请求；0——无中断请求 |
| D2 | IT1 | 外中断 0 请求信号方式控制位：IT0=1 为脉冲触发方式（负跳变有效），IT0=0 为电平方式（低电平有效） |
| D1 | IE0 | 外部中断 0 请求标志位：1——有中断请求；0——无中断请求 |
| D0 | IT0 | 外中断 0 请求信号方式控制位：IT0=1 为脉冲触发方式（负跳变有效），IT0=0 为电平方式（低电平有效） |

### 2．串行口控制寄存器（SCON）

| SCON (88H) | D7 | D6 | D5 | D4 | D3 | D2 | D1 | D0 |
|---|---|---|---|---|---|---|---|---|
| | SM0 | SM1 | SM2 | REN | TB8 | RB8 | TI | RI |

（1）寄存器的作用：用于设置串口控制方式，反应串口中断请求。
（2）寄存器的内容：此处只介绍和中断相关的内容，如表 4-2 所示。

表 4-2　串行口控制寄存器（SCON）的内容

| 位　号 | 位　名　称 | 说　明 |
|---|---|---|
| D1 | TI | 串行口发送中断请求标志位，发送完一帧串行数据后，由硬件置 1 |
| D0 | RI | 串行口接收中断请求标志位，接收完一帧串行数据后，由硬件置 1 |

### 3．中断允许控制寄存器（IE）

| IE (A8H) | D7 | D6 | D5 | D4 | D3 | D2 | D1 | D0 |
|---|---|---|---|---|---|---|---|---|
| | EA | ---- | ---- | ES | ET1 | EX1 | ET0 | EX0 |

（1）寄存器的作用：用于控制中断的总允许开关和源允许开关。

（2）寄存器的内容：单片机系统复位后，IE 各位均清零，即禁止所有中断，如表 4-3 所示。

表 4-3　中断允许控制寄存器（IE）的内容

| 位　号 | 位　名　称 | 说　　明 |
| --- | --- | --- |
| D7 | EA | 中断总允许开关位：1——允许中断；0——禁止中断 |
| D4 | ES | 串口源允许开关位：1——允许中断；0——禁止中断 |
| D3 | ET1 | 定时/计数器 1 源允许开关位：1——允许中断；0——禁止中断 |
| D2 | EX1 | 外部中断 1 源允许开关位：1——允许中断；0——禁止中断 |
| D1 | ET0 | 定时/计数器 0 源允许开关位：1——允许中断；0——禁止中断 |
| D0 | EX0 | 外部中断 0 源允许开关位：1——允许中断；0——禁止中断 |

**4．中断优先级控制寄存器（IP）**

| IP | D7 | D6 | D5 | D4 | D3 | D2 | D1 | D0 |
| --- | --- | --- | --- | --- | --- | --- | --- | --- |
| (B8H) | — | — | — | PS | PT1 | PX1 | PT0 | PX0 |

（1）寄存器的作用：用于控制单片机的中断优先级。

（2）寄存器的内容：单片机系统复位后，IP 各位均清零，即所有中断为低优先级，如表 4-4 所示。

表 4-4　中断优先级控制寄存器（IP）的内容

| 位　号 | 位　名　称 | 说　　明 |
| --- | --- | --- |
| D4 | PS | 串口中断优先级设置位：1——高级；0——低级 |
| D3 | PT1 | 定时/计数器 1 中断优先级设置位：1——高级；0——低级 |
| D2 | PX1 | 外部中断 1 中断优先级设置位：1——高级；0——低级 |
| D1 | PT0 | 定时/计数器 0 中断优先级设置位：1——高级；0——低级 |
| D0 | PX0 | 外部中断 0 中断优先级设置位：1——高级；0——低级 |

其中，有关中断的优先级的说明：
① CPU 同时接收到几个中断请求时，首先响应优先级别最高的中断请求；
② 正在进行的中断响应处理不能被新的同优先级或低优先级的中断请求中断；
③ 正在进行的低优先级中断响应处理能被高优先级的中断请求中断；
④ 多个同一优先级的中断响应顺序：由中断的硬件结构来决定，如表 4-5 所示。

表 4-5　同级中断优先级别

| 中　断　源 | 入　口　地　址 | 同级内中断优先级别 |
| --- | --- | --- |
| 外部中断 0 | 0003H | 最高 |
| 定时/计数器中断 0 | 000BH | |
| 外部中断 1 | 0013H | ↓ |
| 定时/计数器中断 1 | 001BH | |
| 串行中断 | 0023H | 最低 |

## 4.2.4 单片机中断的处理过程

根据中断的概念、中断的硬件结构和中断的相关寄存器，中断处理过程具体如下。

### 1．中断源产生

有外部中断、定时器/计数器溢出中断、发送数据中断或接收中断产生。

### 2．中断请求

硬件将 TCON 和 SCON 寄存器中的中断标志位的状态置为 1，CPU 查询 TCON 和 SCON 寄存器中的中断标志位，确定有哪个中断源发生请求，查询时按优先级顺序进行查询，即先查询高优先级再查询低优先级。如果同级，按以下顺序查询：

外部中断 0→定时中断 0→外部中断 1→定时中断 1→串行中断

如果查询到有标志位为"1"，表明有中断请求发生，接着就从相邻的下一机器周期开始进行中断调用。

### 3．中断调用

当 CPU 查询到中断请求时，经过源允许开关、总允许开关和优先级选择开关，由硬件自动产生一条 LCALL 指令，LCALL 指令执行时，首先将 PC 内容压入堆栈进行断点保护，再把中断入口地址装入 PC，使程序转向相应的中断区入口地址，再跳转到中断服务子程序入口。

### 4．中断响应

中断响应是指执行中断服务子程序，其中子程序中主要包括以下两个内容。

（1）清除中断请求：一旦中断请求得到响应，CPU 必须把响应标志位清除，否则 CPU 会因中断未能得到及时清除而响应同一中断请求，这是不正确的。中断请求清除方法如表 4-6 所示。

表 4-6　中断请求清除方法

| 中　断　源 | 清　除　方　法 |
| --- | --- |
| 外部中断 | 电平触发方式：自动复位成 0 状态，引脚电平置为高电平<br>下降沿触发方式：自动复位成 0 状态 |
| 定时/计数器溢出中断 | 自动复位为 0 状态，自动清除 |
| 串行中断 | 在查询中断类型后手动复位为 0 状态 |

（2）中断服务：执行特定的中断功能服务。

### 5．中断返回

中断返回是指执行完中断服务子程序，返回到主程序断点的程序地址，继续执行主程序。

## 4.2.5 单片机中断的初始化设置

在进行中断处理之前，还需要初始化设置中断，具体步骤如下。

### 1．设置中断的允许（相关寄存器：IE）

（1）设置中断源允许：将对应的源允许位设置为 1。

（2）设置中断总允许：将 EA 位设置为 1。

### 2．设置中断的优先级（相关寄存器：IP）

将高优先级设置为 1。

### 3．若为外部中断，设置中断触发方式

低电平触发：IT0/1=0，下降沿触发：IT0/1=1。

其中，需要说明的是，IE 和 IP 寄存器既可以按字节设置，也可以按位设置。例如，单片机系统中允许外部中断 0 和串行中断，要求外部中断 0 为高优先级，设置如下。

| 按位设置的语句： | 按字节设置的语句： |
|---|---|
| EX0=1;<br>ES=1;<br>EA=1;<br>PX0=1; | IE=0x91;<br>IP=0x01; |

#### 4.2.6 单片机中断的程序编制

C51 语言编译器支持在 C 语言源程序中直接编写 51 单片机的中断服务函数程序，从而减轻了采用汇编语言编写中断服务程序的烦琐程序。为了能在 C 语言源程序中直接编写中断服务函数，C51 语言编译器对函数的定义有所扩展，增加了一个扩展关键字 interrupt。关键字 interrupt 是函数定义时的一个选项，加上这个选项即可将函数定义成中断服务函数。

定义中断服务函数的一般形式：

函数返回值类型　函数名（形式参数表）interrupt　n　[using m]

interrupt 后面的 $n$ 是中断号，$n$ 的取值范围为 0～31。对于 AT89C51 单片机而言，外部中断 0 中断、定时/计数器 0 溢出中断、外部中断 1 中断、定时/计数器 1 溢出中断、串行口发送/接收中断对应的中断号分别为 0、1、2、3、4。

using 后面的 $m$ 是选择哪个工作寄存器区，分别为 0、1、2、3。

## 4.3　项目概要设计

### 4.3.1　交通灯控制器的概要设计

交通灯控制器项目的设计要使用中断来完成，具体的设计框图如图 4-3 所示。

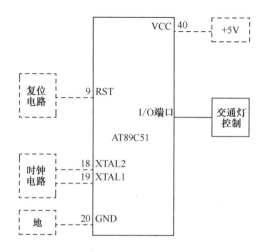

图 4-3　交通灯控制器项目的设计框图

从图 4-3 中可以看出，同样，除了单片机的最小系统之外，需要外接交通灯控制部分，这部分是需要和单片机的 I/O 端口进行连接的。

项目的主要设计内容如下。

（1）进行硬件电路设计时，需要考虑所使用的中断源，以及和单片机连接的 I/O 端口。

（2）进行软件设计时，需要考虑如何响应中断请求，以及中断服务程序的处理。

### 4.3.2 硬件电路的概要设计

有关交通灯控制器项目的硬件电路的概要设计主要集中在：由中断控制的交通灯控制部分。其中，有关交通灯控制部分，根据实际生活中的交通灯设备，可以考虑设计以下内容。

#### 1．交通灯控制输入部分

实际生活中，可以通过按键的形式引起交通灯变换，例如，当行人按下"通行"按键时，交通灯会由当前绿灯变换成红灯，终止车辆的行进，使行人通过。在本项目中，也使用按键的方式作为交通灯控制输入部分。按键的按下应该引起单片机中断，根据单片机的 5 个中断源的类型，选择外部中断 0。外部中断 0 请求端口是 P3.2 端口的第二功能。

有关按键的连接方式如图 4-4 所示，根据图的连接方式，当按键按下时，端口为低电平。

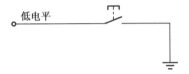

图 4-4　按键的连接方式

#### 2．交通灯控制输出部分

根据实际生活例子，本项目中采用红、绿、黄三色 LED 灯模拟交通灯，作为交通灯控制的输出部分。当接收到交通灯控制输入时，需要变换交通灯输出的红、绿、黄三色 LED 灯。根据 4 个 I/O 端口的用途，选择 P0 端口连接 3 个 LED 灯。

交通灯控制项目的硬件电路的概要设计如图 4-5 所示。

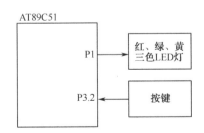

图 4-5　交通灯控制项目的硬件电路的概要设计

### 4.3.3 软件程序的概要设计

有关交通灯控制项目的软件设计的核心：如何响应中断源的请求。

交通灯控制项目的软件控制流向图如图 4-6 所示，其说明如表 4-7 所示。

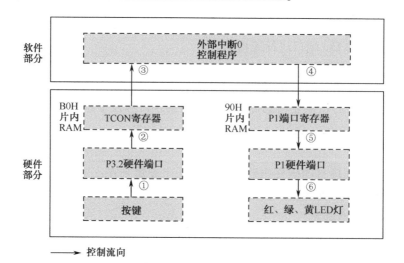

图 4-6 交通灯控制项目的软件设计控制流向图

表 4-7 交通灯控制项目的软件设计控制流向图的说明

| 序 号 | 说 明 |
| --- | --- |
| ① | 按键按下或是抬起的动作，产生外部中断源，P3.2 硬件端口电平状态发生变换 |
| ② | 根据外部中断 0 的设置，由中断源引起中断请求，TCON 寄存器的 IE0 位置为 1 |
| ③ | 单片机暂停主程序运行，跳转到外部中断 0 控制程序，执行中断服务 |
| ④ | "外部中断 0 控制程序"控制"P1 端口寄存器"数据值 |
| ⑤ | "P1 端口寄存器"的数据控制"P1 硬件端口"的高低电平状态 |
| ⑥ | "P1 硬件端口"的高低电平状态控制红、绿、黄 LED 灯的亮灭状态 |

通过控制流向的分析，软件设计的重点是：中断设置、中断源产生、中断请求产生和中断响应，主要是外部中断 0 控制程序的编写。

## 4.4 项目详细设计

### 4.4.1 硬件电路的详细设计

根据交通等控制器的硬件电路的概要设计，其详细设计图如图 4-7 所示。

（1）交通灯控制输入部分：由按键和电阻 R4 组成。如果按键按下，P3.2 端口的电平状态为低电平；如果按键抬起，P3.2 端口的电平状态为高电平。P3.2 端口电平状态为低电平时，产生外部中断 0。

（2）交通灯控制输出部分：由 LED 灯 D1、D2、D3 和电阻 R1、R2、R3 组成，红、黄、绿三色 LED 灯连接到单片机的 P1.0、P1.1、P1.2 端口。根据电路设计和 LED 灯的发光原理，如果 P1.0、P1.1、P1.2 端口的电平状态为低电平，连接的 LED 灯单向导通，LED 灯亮；如果 P1.0、P1.1、P1.2 端口的电平状态为高电平，连接的 LED 灯截止，LED 灯灭。

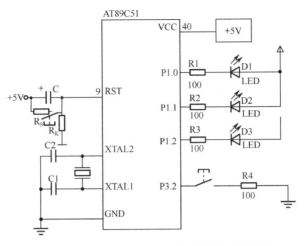

图 4-7　交通灯控制器项目的硬件详细设计图

### 4.4.2　软件程序的详细设计

根据交通灯控制器项目的软件概要设计，软件部分的设计主要是：中断函数的处理。具体的交通灯控制器项目的处理流程图如图 4-8 所示，其说明如表 4-8 所示。

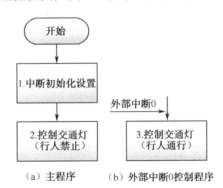

图 4-8　交通灯控制器项目的处理流程图

表 4-8　交通灯控制器项目的处理流程图的说明

| 序　号 | 说　　　明 |
| --- | --- |
| 1 | 设置中断允许（IE 寄存器）、中断触发方式（TCON 寄存器）、中断优先级（IP 寄存器） |
| 2 | 控制交通灯，车辆通行，行人禁止，采用延时使交通灯保持一会儿 |
| 3 | 当外部中断 0 请求产生，进入外部中断 0 控制程序，控制交通灯，行人通行，车辆禁止，采用延时使交通灯保持一会儿，然后从中断服务程序中返回到主程序 |

## 4.5　项目实施

### 4.5.1　硬件电路的实施

交通灯控制项目的硬件电路实施的具体步骤如下。

### 1. 第一步——新建设计
保存 ISIS 设计为"项目四"。

### 2. 第二步——选择元器件
选择本项目所需要的元器件，具体如表 4-9 所示。

表 4-9 项目四所使用的元器件清单

| 序 号 | 库参考名称 | 库 | 描 述 |
|---|---|---|---|
| 1 | AT89C51 | MCS8051 | 8051 Microcontroller |
| 2 | RES | DEVICE | Generic resistor symbol |
| 3 | BUTTON | ACTIVE | SPST Push Button |
| 4 | LED-GREEN | ACTIVE | Animated LED Model(Green) |
| 5 | LED-RED | ACTIVE | Animated LED Model(RED) |
| 6 | LED-YELLOW | ACTIVE | Animated LED Model(YELLOW) |

### 3. 第三步——放置对象（包括元器件和电源终端）并布局
### 4. 第四步——编辑修改元器件参数
### 5. 第五步——放置连线，连接对象，建立原理图
建立的交通灯控制器项目的原理图如图 4-9 所示。

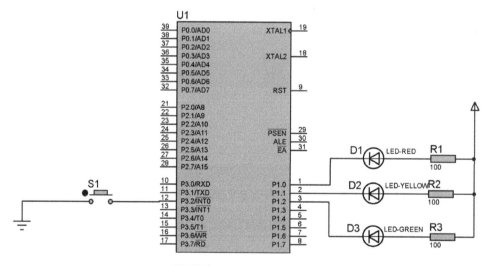

图 4-9 交通灯控制器项目的原理图

## 4.5.2 软件程序的实施

交通灯控制器项目的软件实施的具体步骤如下。

### 1. 第一步——新建项目工程文件夹
为本项目新建一个文件夹，名称为"项目四"，用于保存项目所有文件。

### 2. 第二步——新建项目工程
在弹出的对话框的"文件名"框中输入"项目四"，然后单击"保存"按钮。

### 3. 第三步——新建程序源文件

在编辑窗口中的 Text 文件自动保存为"项目四.c"源文件。

### 4. 第四步——将新建的文件添加到新建的工程中

### 5. 第五步——编辑程序源文件

```c
#include <reg51.h>
void main()
{
    int i;                  //延时用的循环变量
    //1.中断初始化设置
    IE=0x81;                //打开总允许开关和外部中断0允许开关
    TCON=0x00;              //外部中断0触发方式为电平触发
    IP=0x01;                //外部中断0优先级为高级,可不设

    //2.控制交通灯（行人禁止,车辆通行）
    P1=0xFE;
    for(i=0;i<2000;i++);
}

void int0() interrupt 0    //外部中断0控制程序,中断号为0
{
    int i;                  //定义循环变量

    //3.控制交通灯（行人通行,车辆禁止）
    P1=0xFB;
    for(i=0;i<2000;i++);
}
```

### 6. 第六步——编译工程

## 4.6 项目仿真与调试

### 4.6.1 项目仿真

有关交通灯控制器项目的仿真，具体步骤如下。

1. 第一步——Keil 软件环境设置
2. 第二步——Proteus 软件环境设置
3. 第三步——Keil 软件和 Proteus 软件联调
4. 第四步——查看运行结果

根据项目要求，当按键 S1 没有按下的时候，行人禁止，红灯亮（D1 亮），绿灯灭，如图 4-10 所示。

当按键 S1 按下的时候，行人通行，绿灯亮（D3 亮），红灯灭，如图 4-11 所示。

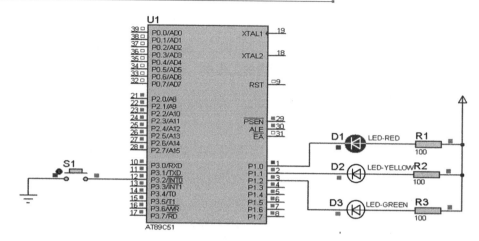

图 4-10 按键 S1 抬起（行人禁止通行）

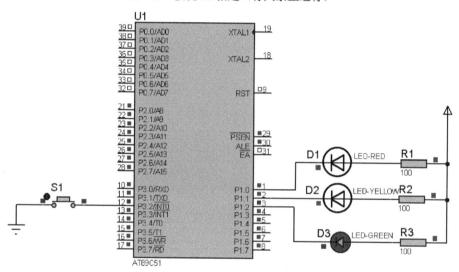

图 4-11 按键 S1 按下（行人通行）

### 4.6.2 项目调试

在项目仿真调试的过程中，可以通过 Keil 软件查看中断的设置情况和中断状态。

（1）在程序合适位置设置断点，通常在中断服务子程序入口处，按 F9 按键设置，如图 4-12 所示。

```
17  void int0()interrupt 0    //外部中断0控制程
18  {
19      int i;              //定义循环变量
20
21      //3.控制交通灯 （行人通行，车辆禁止）
22      P1=0xFB;
23      for(i=0;i<2000;i++);
24  }
```

图 4-12 交通灯控制器项目的程序设置断点

（2）进入调试模式，查看复位初始化状态时中断的设置情况，如图 4-13 所示。

项目四 交通灯控制器的设计与制作

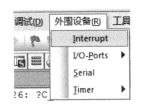
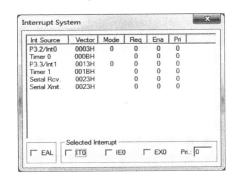

图 4-13 交通灯控制器项目的中断系统

可以看出中断的入口地址、请求标志位、允许标志位和优先级设置位。

（3）运行程序至指定断点，可以查看中断设置情况和中断响应状态，如图 4-14 所示。

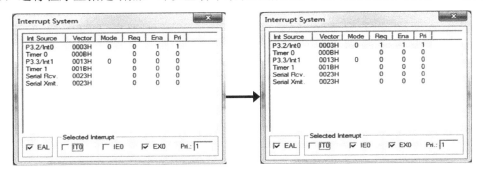

图 4-14 交通灯控制器项目的中断响应状态

## 4.7 项目小结

根据项目实施的结果，可以看出，已经实现项目的硬件要求和软件要求，实现了实时响应按键动作的处理。通过这个项目，需要掌握以下有关单片机内部的中断结构的知识。

### 1．中断源

根据中断的硬件结构，可以知道 AT89C51 单片机具有 5 个中断源，分别是外部中断 0、定时器/计数器 T0 溢出中断、外部中断 1、定时器/计数器 T1 溢出中断、串行口的发送/接收中断，5 个中断源对应的中断型号分别为 0、1、2、3、4。

### 2．中断有关的寄存器

根据中断的硬件结构，与中断有关的寄存器有以下 4 个。

（1）中断允许控制寄存器（IE）：

| EA | — | — | ES | ET1 | EX1 | ET0 | EX0 |
|----|---|---|----|-----|-----|-----|-----|

（2）中断优先级控制寄存器（IP）：

| — | — | — | PS | PT1 | PX1 | PT0 | PX0 |
|---|---|---|----|-----|-----|-----|-----|

（3）定时器控制寄存器（TCON）：

| TF1 | TR1 | TF0 | TR0 | TE1 | IT1 | IE0 | IT0 |
|-----|-----|-----|-----|-----|-----|-----|-----|

（4）串行口控制寄存器（SCON）：

| SM0 | SM1 | SM2 | REN | TB8 | RB8 | TI | RI |
|-----|-----|-----|-----|-----|-----|----|----|

### 3．中断的响应过程

（1）中断设置：设置 IE、IP 寄存器。

（2）中断源产生：有外部中断、定时/计数器溢出中断、发送数据中断或接收中断产生。

（3）中断请求：CPU 查询 TCON 和 SCON 寄存器中的中断标志位，确定有中断源发生请求。

（4）中断调用：CPU 使程序转向相应的中断区入口地址，再跳转到中断服务子程序入口。

（5）中断响应：先清除中断请求，再执行特定的中断功能服务。

（6）中断返回。

### 4．中断服务函数的一般形式

函数返回值类型　　函数名（形式参数表）　　　interrupt　　n　　[using　m]

interrupt 后面的 *n* 是中断号，51 单片机分别为 0、1、2、3、4。using 后面的 *m* 是选择哪个工作寄存器区，分别为 0、1、2、3。

## 4.8 项目拓展

### 4.8.1 外部中断控制 LED 灯

【例 4-1】 在本实例中，首先通过 P1.7 口点亮发光二极管，然后外部输入一脉冲串，则发光二极管亮、暗交替，其电路如图 4-15 所示。

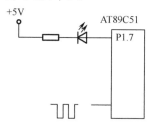

图 4-15　外部中断控制 LED 灯的电路

```
#include<reg51.h>
sbit P1_7=P1^7;
void interrupt0( ) interrupt 0 using 0        //定义定时器 0
{
        P1_7=!P1_7;
}

void main( )
{
    EA=1;                                      //开中断
    IT0=1;                                     //外部中断 0 脉冲触发
    EX0=1;                                     //外部中断 0
    P1_7=0;
    while(1);
}
```

### 4.8.2 系统中有两个中断

【例 4-2】 如图 4-16 所示，8 只 LED 阴极接至单片机 P0 口，两开关 S0、S1 分别接至单片机引脚 P3.2 和 P3.3。

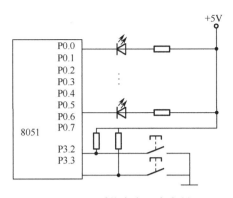

图 4-16 系统中有两个中断

编写程序控制 LED 状态：按下 S0 后，如果 8 只 LED 为熄灭状态，则点亮，如果 8 只 LED 为点亮状态，则保持；按下 S1 后，不管 8 只 LED 是熄灭状态还是点亮状态，都变为闪烁状态。

```c
#include<reg51.h>
void delay(unsigned int d)              //定义延时子函数
{
    while(--d>0);
}
void main()
{
    P0=0xff;                            //熄灭 LED
    EA=1;                               //开总中断
    EX0=1;                              //开外中断 0
    EX1=1;                              //开外中断 1
    IT0=1;                              //外中断 0 脉冲触发方式
    IT1=1;                              //外中断 1 脉冲触发方式
    while(1);                           //延时等待中断发生
}
void INT0_ISR( ) interrupt 0            //外中断 0 中断服务函数
{
    P0=0x00;
    PX0=0;
    PX1=1;
}
void INT1_ISR( ) interrupt 2            //外中断 1 中断服务函数
{
    while(1)
    {
        delay(5000);
        P0=0x00;
        delay(5000);
        P0=0xff;
    }
}
```

## 4.9 理论训练

**1. 填空题**

（1）与中断有关的寄存器有_____、_____和 IP。

（2）外部中断/INT0 的中断入口地址为_____。

（3）外部中断/INT1 的中断入口地址为_____。

（4）计数器/定时器 T0 的中断入口地址为_____。

（5）计数器/定时器 T1 的中断入口地址为_____。

（6）串口通信的中断入口地址为_____。

**2. 选择题**

（1）AT89C51 单片机共有（　　）个外部中断输入口。

A．1　　　　　　　B．2　　　　　　　C．3　　　　　　　D．4

（2）中断标志要手动清零的是（　　）。

A．外部中断的标志　　　　　　　　B．计数/定时器中断

C．串行通信中断的标志　　　　　　D．所有中断标志均需手动清零

（3）8031 中与外部中断无关的寄存器是（　　）。

A．TCON　　　　　B．SCON　　　　　C．IE　　　　　　D．IP

**3. 简答题**

已知单片机系统中允许外部中断 0 和外部中断 1，且要求外部中断 0 的优先级别为高级，外部中断 1 的优先级为低级，请问单片机中断相关寄存器的 IE 和 IP 怎么设置？

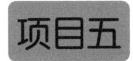

# 脉冲发生器的设计与制作

**知识目标**

1. 了解单片机的定时/计数器的硬件结构
2. 掌握单片机定时/计数器相关的寄存器
3. 掌握单片机定时/计数器的工作方式
4. 掌握单片机定时/计数器的初始化步骤

**能力目标**

1. 能够在定时器/计数器的硬件结构图中说明相关寄存器
2. 能够完成指定时间的定时
3. 能够完成指定计数值的计数
4. 能够正确初始化定时/计数器

## 5.1 项目要求与分析

### 5.1.1 项目要求

通过单片机实现一个脉冲发生器。
（1）通过单片机的一个 I/O 端口产生指定频率的脉冲；脉冲频率可以改变。
（2）产生脉冲的 I/O 端口可以连接一个 LED 灯，通过 LED 灯的亮灭状态反应脉冲的高低电平，也可以直观反映脉冲的频率。

### 5.1.2 项目要求分析

根据项目要求的内容，需要满足以下要求，才可以完成项目的设计。
（1）硬件功能要求：系统由单片机和 LED 灯组成，完成单片机和 LED 灯的连接；连接的 I/O 端口输出指定频率的脉冲。
（2）软件功能要求：完成指定频率的脉冲发生器的软件控制功能。
（3）环境要求：由 Proteus 软件和 Keil 软件构建。
根据上述项目要求的分析，项目设计的难点在于生成指定频率的脉冲。脉冲是由一定频率的高电平和低电平组成的，也就是由一定时间的高电平和一定时间的低电平组成。关键是指定频率如何控制，也就是一定时间如何控制。最后，在于定时时间如何控制。

单片机实现定时功能，常采用下面 3 种方法。

（1）软件定时：软件定时不占用硬件资源，但占用了 CPU 时间，降低了 CPU 的利用率。

（2）采用单片机内部的定时/计数器定时：占用硬件资源，但不占用 CPU 时间。

（3）采用可编程芯片定时：这种定时芯片的定时值及定时范围很容易用软件来确定和修改，此种芯片定时功能强，使用灵活。在单片机的定时/计数器不够用时，可以考虑进行扩展。

本项目采用定时/计数器硬件定时的方法完成脉冲发生器的设计和实现。

为了实现上述功能要求，应该掌握以下知识。

（1）定时/计数器的结构。

（2）定时器/计数器的相关寄存器。

（3）定时/计数器的工作方式。

（4）定时/计数器的初始化步骤。

为了实现上述功能要求，应该具备以下能力。

（1）能够使用 Proteus 软件实现硬件功能要求。

（2）能够使用 Keil 软件实现软件功能要求：完成指定时间定时，完成脉冲输出。

（3）能够使用 Keil 软件和 Proteus 软件的联调开发环境完成整个项目设计，实现要求。

## 5.2 项目理论知识

MCS-51 单片机内部有两个 16 位的可编程的定时器/计数器，即定时/计数器 T0 和定时/计数器 T1，它们既可用做定时器方式，又可用做计数器方式。

### 5.2.1 单片机定时器的硬件结构

定时器/计数器的基本结构如图 5-1 所示。定时/计数器的实质是加 1 计数器（16 位），由

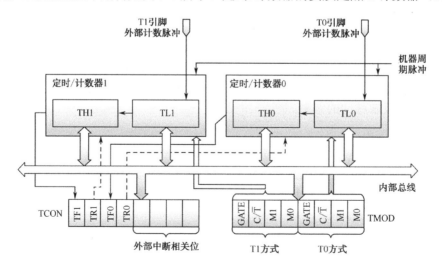

图 5-1　定时器/计数器的基本结构

高 8 位和低 8 位两个寄存器组成。定时/计数器 1 由 TH1 和 TL1 组成，简称 T1。定时/计数器 0 由 TH0 和 TL0 组成，简称 T0。TMOD 是定时/计数器的工作方式寄存器，确定工作方式和功能；TCON 是控制寄存器，控制 T0、T1 的启动和停止及设置溢出标志。

作为定时器使用时，是对单片机内部机器周期的计数，因其内部频率为晶振频率的 1/12，如果晶振频率为 12MHz，则定时器每接收一个输入脉冲的时间为 1μs。

当它用做对外部事件计数时，需将外部计数脉冲接相应的外部输入引脚 T0（P3.4）或 T1（P3.5）。在这种情况下，当检测到输入引脚上的电平由高跳变到低时，计数器就加 1。

### 5.2.2 单片机定时器的寄存器

#### 1. 定时器控制寄存器（TCON）

| TCON<br>（88H） | D7 | D6 | D5 | D4 | D3 | D2 | D1 | D0 |
|---|---|---|---|---|---|---|---|---|
|  | TF1 | TR1 | TF0 | TR0 | IE1 | IT1 | IE0 | IT0 |

（1）寄存器的作用：启动停止定时/计数器，反应定时/计数器溢出中断请求。

（2）寄存器的内容：只介绍启动停止位。

TR0(TR1)=0：停止定时/计数器工作；

TR0(TR1)=1：启动定时/计数器工作。

#### 2. 工作方式控制寄存器（TMOD）

| TMOD<br>（89H） | D7 | D6 | D5 | D4 | D3 | D2 | D1 | D0 |
|---|---|---|---|---|---|---|---|---|
|  | GATE | C/$\overline{T}$ | M1 | M0 | GATE | C/$\overline{T}$ | M1 | M0 |

（1）寄存器的作用：设置定时/计数器的工作模式。

（2）寄存器的内容：D7～D4 设置 T1 的工作模式，D3～D0 设置 T0 的工作模式。工作方式控制寄存器（TMOD）的内容如表 5-1 所示。

表 5-1 工作方式控制寄存器（TMOD）的内容

| 位 名 称 | 说 明 |
|---|---|
| GATE | 门控位：0——由 TR 位启动；1——由 TR 和外部中断信号组合启动 |
| C/$\overline{T}$ | 定时方式或计数方式选择位：0——定时器；1——计数器 |
| M1 | 工作方式选择位： |
| M0 | M1M0=00：方式 0，13 位定时/计数器工作方式<br>M1M0=01：方式 1，16 位定时/计数器工作方式<br>M1M0=10：方式 2，自动重装的 8 位定时/计数器工作方式<br>M1M0=11：方式 3，仅适用于 T0，为两个 8 位定时/计数器工作方式，在方式 3 时 T1 停止计数 |

### 5.2.3 单片机定时器的工作方式

单片机的定时/计数器共有四种工作方式，在 C51 语言程序设计中，常用方式 1 和方式 2。

#### 1. 方式 0

方式 0 是 13 位计数结构的工作方式，其计数器由 TH0 的全部 8 位和 TL0 的低 5 位构成，TL0 的高 3 位不用。当 TL0 的低 5 位计数溢出时，向 TH0 进位，而全部 13 位计数溢出时，则将溢出中断标志位 TF0 置为 1，向 CPU 发出中断请求。

## 2. 方式 1

方式 1 是 16 位计数结构的工作方式，计数器由 TH0 的全部 8 位和 TL0 的全部 8 位构成。当 TL0 的 8 位计数溢出时，向 TH0 进位，而全部 16 位计数溢出时，则将溢出中断标志位 TF0 置为 1，向 CPU 发出中断请求。

## 3. 方式 2

工作方式 0 和工作方式 1 的特点是计数溢出后，计数回 0，而不能自动重装初值。因此，循环定时或循环计数应用时就存在反复设置计数初值的问题，这不但影响定时精度，而且也给程序设计带来麻烦。方式 2 就是针对此问题而设置的，它具有自动重装计数初值的功能。

在这种工作方式下，把 16 位计数分为两部分，即以 TL 作为计数器，以 TH 作为预置计数器，初始化时把计数初值分别装入 TL 和 TH 中。当计数溢出时，由预置计数器自动给计数器 TL 重新装初值。这不但省去了用户程序中重装指令，而且也有利于提高定时精度。

## 4. 方式 3

在工作方式 3 下，定时/计数器 T0 被拆成两个独立的 8 位 TL0 和 TH0。

其中，TL0 既可以用做计数，又可以用做定时，定时/计数器 T0 的各控制位和引脚信号全归它使用，其功能和操作与方式 0 和方式 1 完全相同，而且逻辑电路结构也极其类似。

定时/计数器 T0 的高 8 位 TH0 只能作为简单的定时器使用。由于定时/计数器 T0 的控制位已被 TL0 占用，因此只好借用定时/计数器 T1 的控制位 TR1 和 TF1，即以计数溢出置位 TF1，而定时的启动和停止则由 TR1 的状态控制。

由于 TL0 既能作为定时器使用又能作为计数器使用，而 TH0 只能作为定时器使用。因此在工作方式 3 下，定时/计数器 T0 构成两个定时器或一个定时器一个计数器。

作为计数器时，定时/计数器的四种工作方式的比较（计数器）如表 5-2 所示。

表 5-2 定时/计数器的四种工作方式的比较（计数器）

| 工 作 方 式 | 计 数 模 | 最大计数值 |
| --- | --- | --- |
| 方式 0 | 13 位 | $M=2^{13}=8192$ |
| 方式 1 | 16 位 | $M=2^{16}=65536$ |
| 方式 2 | 8 位 | $M=2^{8}=256$ |
| 方式 3 | 8 位 | $M=2^{8}=256$ |

作为定时器时，定时/计数器的四种工作方式的比较（定时器）如表 5-3 所示。

表 5-3 定时/计数器的四种工作方式的比较（定时器）

| 工 作 方 式 | 计 数 模 | 最大定时时间（$f_{osc}$=12MHz） |
| --- | --- | --- |
| 方式 0 | 13 位 | $T_{MAX}=8192×1\mu s=8192\mu s=8.192ms$ |
| 方式 1 | 16 位 | $T_{MAX}=65536×1\mu s=65536\mu s=65.536ms$ |
| 方式 2 | 8 位 | $T_{MAX}=256×1\mu s=256\mu s=0.256ms$ |
| 方式 3 | 8 位 | $T_{MAX}=256×1\mu s=256\mu s=0.256ms$ |

## 5.2.4 单片机定时器的初始化步骤

在使用单片机的定时/计数器时，需要进行如下初始化设置。
（1）设置定时/计数器的工作方式——TMOD 寄存器。
（2）装载初值——TH 和 TL。
（3）采用中断方式工作时，设置中断允许和优先级——IE 寄存器和 IP 寄存器。
（4）启动定时/计数器——TCON 中的 TR1 或 TR0 位。
在进行定时/计数器的初始化设置时，需要注意的是，TMOD 不能按位设置，只可以按字节设置，TCON 寄存器则可以按位设置和按字节设置。

## 5.2.5 单片机定时器的初值计算

初值计算时，规定：TC 为初值，$M$ 为最大计数值，$C$ 为计数值，$T_{定时}$ 为定时时间，$T_{机器}$ 为机器周期，$f_{osc}$ 为单片机外接晶振的频率。

作为计数器时，单片机的定时/计数器的初值计算公式为

$$TC = M - C \tag{5-1}$$

作为定时器时，单片机的定时/计数器的初值计算公式为

$$TC = M - T_{定时}/T_{机器} \tag{5-2}$$

根据式（5-1）、式（5-2）计算的初值需要分别装载到定时/计数器的高位和低位，具体如表 5-4 所示。

表 5-4 单片机定时/计数器的初值装载公式

| 工作方式 | 高 位 | 低 位 |
| --- | --- | --- |
| 方式 0 | TH0=TC/32 | TL0=TC%32 |
| 方式 1 | TH0=TC/256 | TL0=TC%256 |
| 方式 2 | TH0=TL0=TC | |
| 方式 3 | TH0=TC，或 TL0=TC | |

【例 5-1】 单片机系统采用定时/计数器 0 计数，计数值为 100，工作方式 2，试编程。
解：（1）计算初值：TC=$M-C$=256-100=156。
（2）装载初值：TH0=TL0=156。
编程程序如下。

```
TMOD=0x06;          //设置定时计数器工作模式
TH0=TL0=156;        //装载初值
ET0=1;              //允许定时/计数器 0 溢出中断
EA=1;               //中断总允许
TR0=1;              //启动定时计数器
```

# 5.3 项目概要设计

## 5.3.1 脉冲发生器的概要设计

脉冲发生器项目的设计要使用定时器来完成，具体的设计框图如图 5-2 所示。

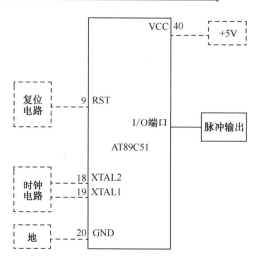

图 5-2　脉冲发生器项目的设计框图

从图 5-2 中可以看出，同样，除了单片机的最小系统之外，需要通过单片机的 I/O 端口输出脉冲。项目的主要设计内容如下。

（1）进行硬件电路设计时，需要考虑所使用的 I/O 端口。

（2）进行软件设计时，需要考虑如何产生指定时间的脉冲。

## 5.3.2　硬件电路的概要设计

有关脉冲发生器项目的硬件电路的概要设计主要集中在：脉冲输出端口的选择。根据 I/O 端口的硬件结构和用途，选择 P1.0 端口作为脉冲输出端口。

如何测试 I/O 端口是否输出脉冲，可以有以下两种方法。

### 1. 脉冲输出端口连接 LED 灯

脉冲的高低电平可以点亮或者熄灭 LED 灯，通过 LED 灯有规律的亮灭状态，可以直观地观察到 I/O 端口有脉冲输出。并且，LED 亮灭的频率还能反映脉冲频率的大小。

### 2. 脉冲输出端口连接虚拟示波器

使用 PROTEUS 软件提供的虚拟示波器，可以测试脉冲输出端口的脉冲波形，观察脉冲的幅度和频率，也可以观察到频率的变换。

脉冲发生器项目的硬件电路的概要设计图如图 5-3 所示。

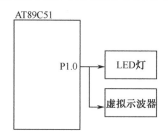

图 5-3　脉冲发生器项目的硬件电路的概要设计图

### 5.3.3 软件程序的概要设计

有关脉冲发生器项目的软件设计的核心：如何产生脉冲。从输出端口的电平状态分析，脉冲就是指定时间的高电平和指定时间的低电平，通过其周期变化，从而形成指定频率的脉冲。

根据上述分析，软件概要设计的内容如下。

（1）产生脉冲，转换成产生端口的高、低电平。

（2）指定的时间，由单片机的定时/计数器 0 来完成。

有关脉冲发生器项目的软件设计控制流向如图 5-4 所示，其说明如表 5-5 所示。

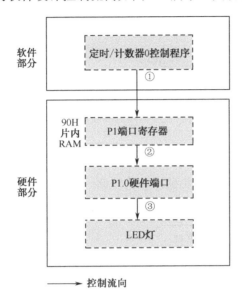

图 5-4　脉冲发生器项目的软件设计控制流向图

表 5-5　脉冲发生器项目的软件设计控制流向的说明

| 序　号 | 说　　明 |
| --- | --- |
| ① | 指定定时时间到，进入定时/计数器 0 中断控制程序，改变 P1 端口寄存器的值 |
| ② | P1 端口寄存器的值改变，从而改变 P1.0 端口的高、低电平状态 |
| ③ | 根据 P1.0 端口高、低电平状态的变换，LED 灯点亮，或者熄灭 |

通过控制流向的分析，软件设计的重点是：定时器的设置，定时中断程序的编写。

## 5.4　项目详细设计

### 5.4.1　硬件电路的详细设计

根据脉冲发生器项目的硬件电路的概要设计，其详细设计电路如图 5-5 所示。

脉冲输出部分：由 LED 灯 D1 和电阻 R1 组成，LED 灯连接到单片机的 P1.0 端口。根据电路设计和 LED 灯的发光原理，如果 P1.0 端口的电平状态为低电平，连接的 LED 灯单向导通，LED 灯亮，如果 P1.0 端口的电平状态为高电平，连接的 LED 灯截止，LED 灯灭。

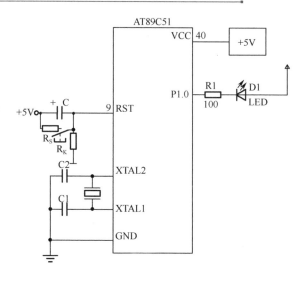

图 5-5 脉冲发生器项目的硬件详细设计电路

## 5.4.2 软件程序的详细设计

根据脉冲发生器项目的软件概要设计，软件部分的设计主要是：定时器的设置，定时中断程序的编写。具体的脉冲发生器项目的处理流程图如图 5-6 所示，其说明如表 5-6 所示。

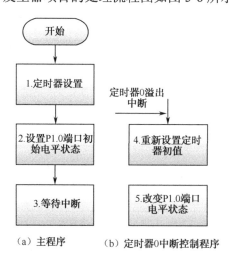

（a）主程序　　（b）定时器0中断控制程序

图 5-6 脉冲发生器项目的处理流程图

表 5-6 脉冲发生器项目的处理流程图的说明

| 序号 | 说明 |
|---|---|
| 1 | 设置定时器相关的寄存器，包括工作方式、初值和中断设置 |
| 2 | 设置 P1.0 端口的初始电平状态为高电平，连接的 LED 灯灭 |
| 3 | 等待定时器 0 的溢出中断 |
| 4 | 在定时器 0 中断服务程序中，重新设置定时器初值，再次定时 |
| 5 | 定时时间到，改变 P1.0 端口的电平状态，低电平点亮 LED 灯，高电平熄灭 LED 灯 |

## 5.5 项目实施

### 5.5.1 硬件电路的实施

脉冲发生器项目所需要的元器件清单如表 5-7 所示。

表 5-7 脉冲发生器项目所需要的元器件清单

| 序 号 | 库参考名称 | 库 | 描 述 |
|---|---|---|---|
| 1 | AT89C51 | MCS8051 | 8051 Microcontroller |
| 2 | RES | DEVICE | Generic resistor symbol |
| 3 | LED-GREEN | ACTIVE | Animated LED Model(Green) |

脉冲发生器项目的硬件电路原理图如图 5-7 所示。

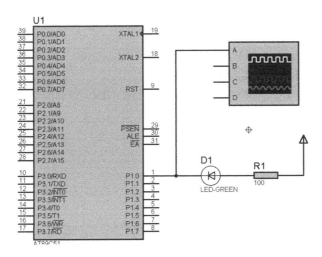

图 5-7 脉冲发生器项目的硬件电路原理图

### 5.5.2 软件程序的实施

脉冲发生器项目的程序源文件如下：

```c
#include <reg51.h>
sbit P1_0=P1^0;

void main()
{
    //1. 定时器设置
    TMOD=0x01;          //定义 T0 定时方式 1
    TH0=0xd8;           //初值
    TL0=0xf0;
    TR0=1;              //启动定时器
    ET0=1;              //打开定时器 0 中断
    EA=1;               //打开总中断
```

```
    //2.设置 P1.0 端口初始电平状态
    P1_0=1;                          //P1.0 端口为高电平,LED 灯灭

    //3.等待中断
    while(1);
}
void timer0()interrupt 1
{
    //4.重新设置定时器初值
    TH0=0xd8;
    TL0=0xf0;

    //5.改变 P1.0 端口电平状态
    P1_0=~P1_0;                      //P1.0 端口电平高低交替变换
}
```

其中,有关定时器 0 初值的计算说明如下:

周期为 2ms 的方波由 2 个半周期为 1ms 的正负脉冲组成,定时 1ms 后将端口输出的电平取反,即得到脉冲方波。

已知单片机外接晶振 $f_{osc}$=12MHz,可知 $T_机$=12/$f_{osc}$=1μs,$T$=1ms,选择工作方式 1,则 $M$=65536,则根据公式可以计算定时器初值为

$$X=M-T/T_机=65536-1ms/1μs=65536-1000=55536=0xd8f0$$

## 5.6 项目仿真与调试

### 5.6.1 项目仿真

有关脉冲发生器项目的仿真运行结果如图 5-8 所示。

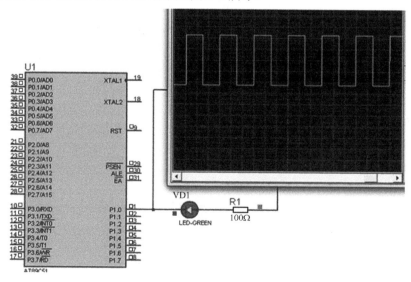

图 5-8 脉冲发生器项目的仿真运行结果

其中，示波器的设置如图 5-9 所示。

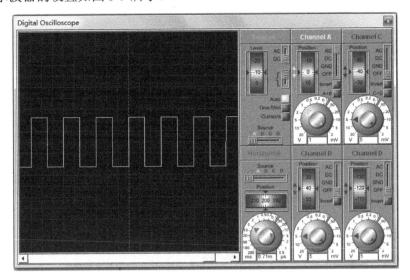

图 5-9　脉冲发生器项目的示波器设置

## 5.6.2　项目调试

在项目仿真调试过程中，可以在 Keil 软件中查看定时器的设置情况和运行状态。

### 1．第一步——在程序合适位置设置断点

按 F9 键在定时中断程序入口处设置断点，如图 5-10 所示。

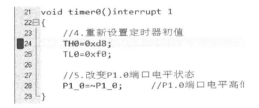

图 5-10　脉冲发生器项目的软件设置断点

### 2．第二步——进入调试模式

查看复位初始化状态时定时器的设置情况，如图 5-11 所示。

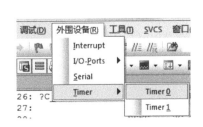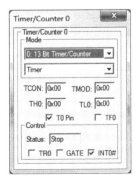

图 5-11　初始化状态时定时器的设置情况

可以看出，在复位状态，定时器 0 采用工作方式 0，TCON=0x00，TMOD=0x00，初值为 0。

### 3. 第三步——运行程序至指定断点

可以查看定时器设置情况和初值变化情况，如图 5-12 所示。

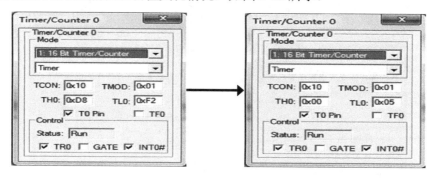

图 5-12　定时器设置情况和初值变化情况

## 5.7　项目小结

根据项目实施的结果，可以看出，已经实现项目的硬件要求和软件要求，实现了指定频率的脉冲发生器。通过这个项目，需要掌握以下有关单片机内部的定时器/计数器结构的知识：

### 1. 定时器/计数器有关的寄存器

根据定时器/计数器的硬件结构，与定时器/计数器有关的寄存器有两个。

（1）定时器控制寄存器（TCON）：

| TF1 | TR1 | TF0 | TR0 | IE1 | IT1 | IE0 | IT0 |
|---|---|---|---|---|---|---|---|

（2）工作方式控制寄存器（TMOD）：

| CATE | C/$\overline{T}$ | M1 | M0 | CATE | C/$\overline{T}$ | M1 | M0 |
|---|---|---|---|---|---|---|---|

### 2. 定时器/计数器的工作方式

（1）M1M0=00：方式 0，13 位定时/计数器工作方式。最大计数值为 8 192。
（2）M1M0=01：方式 1，16 位定时/计数器工作方式。最大计数值为 65 536。
（3）M1M0=10：方式 2，自动重装的 8 位定时/计数器工作方式。最大计数值为 256。
（4）M1M0=11：方式 3，仅适用于 T0，为两个 8 位定时/计数器工作方式。

### 3. 定时器/计数器的初始化步骤

（1）设置定时/计数器的工作方式——TMOD 寄存器。
（2）装载初值——TH 和 TL。
（3）采用中断方式工作时，设置中断允许和优先级——IE 寄存器和 IP 寄存器。
（4）启动定时/计数器——TCON 中的 TR1 或 TR0 位。

### 4. 定时器/计数器的初值计算

（1）作为计数器，初值计算公式：$TC=M-C$。
（2）作为定时器，初值计算公式：$TC=M-T_{定时}/T_{机器}$。

## 5.8 项目拓展

### 5.8.1 采用查询方式设计脉冲发生器

脉冲发生器的项目实施时,采用中断方式实现,也可以采用查询方式实现。

```
#inclide<reg51.h>
sbit P1_0=P1^0;
void main()
{
    unsigned char i;
    TMOD=0x02;                  //初始化
    TH0=0x06;
    TL0=0x06;
    TR0=1;
    while(1)
    {
        if(TF0)
        {
            TF0=0;
            P1_0=!P1_0;
        }
    }
}
```

程序中,通过查询定时/计数器 0 的溢出标志位 TF0 来实现脉冲发生器。当定时/计数器 0 溢出时,CPU 会自动将 TF0 设置为 1,说明定时/计数器 0 溢出,此时,先将 TF0 清除为 0,再改变 P1.0 端口电平状态。

### 5.8.2 计数器

编程实现:利用定时/计数器 T0 对输入到 P3.4 引脚上的脉冲进行采样计数。

由于计数寄存器字节长度所限,且用硬件寄存器最多只能计数 65 536 个脉冲,为解决这一问题可加软件计数来实现。

程序代码如下。

```
#include<reg51.h>
unsigned long i;                //定义软件计数变量
unsigned char count_low;        //定义计数变量,用来读取 TL0 的值
unsigned char count_high;       //定义计数变量,用来读取 TH0 的值
void read_counter( );           //声明读计数寄存器子函数
void main( )
{
    TMOD=0x05;                  //T0 设置为计数器模式,方式 1
    TH0=0;
    TL0=0;                      //初值为 0
    TR0=1;                      //启动 T0
    ET0=1;                      //允许 T0 中断
    EA=1;                       //打开总允许开关
```

```c
    while(1)
    {
        read_counter( );              //循环读取、处理计数寄存器内容
    }
}
void read_counter( )                  //读取计数寄存器内容
{
    do
    {
        count_high=TH0;               //读高字节
        count_low=TL0;                //读低字节
        ...                           //计数值处理语句
    }
    while(count_high!=TH0);
}
void Time0_Int(void) interrupt 1
{
    TH0=0;
    TL0=0;
}
```

## 5.9 理论训练

**1. 填空题**

（1）定时/计数器的工作方式设置是在_____寄存器的_____位。

（2）定时/计数器的启动设置是在_____寄存器的_____位。

（3）AT89C51 单片机共有_____个_____位定时/计数器，共有_____种工作方式。

**2. 选择题**

（1）定时/计数器 T0 的中断入口地址为（    ）。

A. 0000H　　　　　B. 0003H　　　　　C. 000BH　　　　　D. 001BH

（2）定时/计数器 T1 的中断入口地址为（    ）。

A. 0000H　　　　　B. 0003H　　　　　C. 0008H　　　　　D. 001BH

（3）定时/计数器中断发生在（    ）。

A. 送入初值时　　　B. 开始计数时　　　C. 计数允许时　　　D. 计数值为 0 时

（4）定时/计数器为自动重装初值的方式为（    ）。

A. 方式 0　　　　　B. 方式 1　　　　　C. 方式 2　　　　　D. 方式 3

（5）8031 中与定时/计数中断无关的寄存器是（    ）。

A. TCON　　　　　B. TMOD　　　　　C. SCON　　　　　D. IP

**3. 简答题**

（1）已知单片机晶振频率为 6MHz，要求定时/计数器 T0 工作方式为 1，定时 100ms，试确定定时/计数器 T0 的初值，并编程设置。

（2）已知单片机定时/计数器 T1 采用工作方式 2，计数 200 次，试确定定时/计数器 T1 的初值，并编程设置。

# 项目六

# 点对点双机通信系统的设计与制作

## 知识目标

1. 了解单片机的串口的硬件结构
2. 掌握单片机的串口的相关寄存器
3. 掌握单片机的串口的工作方式
4. 掌握单片机的串口的初始化步骤

## 能力目标

1. 能够在串口的硬件结构图中说明相关寄存器
2. 能够正确初始化单片机的串口
3. 能够正确进行串行通信

## 6.1 项目要求与分析

### 6.1.1 项目要求

通过使用两个单片机实现点对点双机通信。
（1）两个单片机的串口连接，构成数据的发送通道和接收通道。
（2）两个单片机之间相互发送数据。
（3）两个单片机之间相互接收数据，并将接收到的数据通过 LED 灯显示出来。

### 6.1.2 项目要求分析

根据项目要求的内容，需要满足以下要求，才可以完成项目的设计。
（1）硬件功能要求：系统由两组单片机系统构成，每组单片机系统由 1 个单片机和 8 个 LED 灯组成，完成两个单片机系统之间的串行连接和通信。
（2）软件功能要求：完成两个单片机串行通信发送数据和接收数据的控制功能。
根据项目要求的内容，项目设计关键是串行通信的实现。
通信是人们传递信息的方式，实现通信双方之间的信息交换。单片机与其他设备（例如其他单片机、计算机和外部扩展设备）通过数据传输进行通信。数据传输可以通过两种方式进行：并行通信和串行通信。

并行通信的传输方式是指一组数据的各数据位在多条线上同时被传输。并行通信时数据的各个位同时传送，可以字或字节为单位并行进行。并行通信速度快，但用的通信线多、成本高，故不宜进行远距离通信。并行数据传输只适用于近距离的通信，通常传输距离小于 30m。

串行通信的传输方式是指一组数据的各数据位在一条数据线上一位一位地依次传输，每一位数据占据一个固定的时间长度。串行通信时一个字节的数据要分 8 次由低位到高位按顺序一位位地传送。串行通信使用的传输线少，非常适合于远程通信，但是数据传送效率低。例如，传送一个字节，并行通信只需要 $1T$ 的时间，而串行通信至少需要 $8T$ 的时间。串行通信适合于远距离传送，可以从几米到数千公里。

总之，串行通信适合于长距离、低速率的通信，并行通信适合于短距离、高速率的数据传送。

为了实现两个单片机之间的串行通信，应该掌握以下知识。
（1）单片机的串口的硬件结构。
（2）单片机的串口的相关寄存器。
（3）单片机的串口的工作方式。
（4）单片机的串口的初始化步骤。

为了实现上述功能要求，应该具备以下能力。
（1）能够使用 Proteus 软件实现硬件功能要求。
（2）能够使用 Keil 软件实现软件功能要求：完成串行通信发送数据和接收数据。
（3）能够使用 Keil 软件和 Proteus 软件的联调开发环境完成整个项目设计，实现要求。

## 6.2 项目理论知识

AT89C51 单片机内部有 1 个全双工的串行接口，即它能同时发送和接收数据。这个口既可用于网络通信，也可以实现串行异步通信，还可以作为同步移位寄存器使用。

### 6.2.1 单片机串行口的硬件结构

AT89C51 单片机串行口的硬件结构如图 6-1 所示。

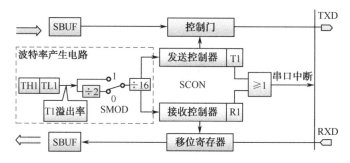

图 6-1 AT89C51 单片机串行口的硬件结构

在图 6-1 中，单片机的串口共有两个串行缓冲寄存器（Serial Buffer，SBUF）。

（1）发送缓冲寄存器 SBUF：串行发送时，从片内总线向发送 SBUF 写入数据。

（2）接收缓冲寄存器 SBUF：串行接收时，从接收 SBUF 向片内总线读出数据。

它们都是可寻址的寄存器，但因为发送和接收不能同时进行，所以给这两个寄存器赋予同一地址（99H）。

在接收方式下，串行数据通过引脚 RXD（P3.0）进入，接收控制器控制移位寄存器一位一位将数据移入接收 SBUF 中，当数据都接收完成后，接收控制器产生串行接收中断 RI 请求。

在发送方式下，先将待发送数据写入发送 SBUF 中，发送控制器控制门将数据一位一位通过 TXD（P3.1）发送出去。当数据发送完成后，发送控制器产生串行发送中断 TI 请求。

波特率产生电路用于控制传送数据的速率，控制每秒钟传输的数据位数，且要求发送控制和接收控制器使用相同的波特率。

## 6.2.2 单片机串行口的寄存器

### 1．串行控制寄存器 SCON

| SCON | D7 | D6 | D5 | D4 | D3 | D2 | D1 | D0 |
|---|---|---|---|---|---|---|---|---|
| （98H） | SM0 | SM1 | SM2 | REN | TB8 | RB8 | TI | RI |

（1）寄存器的作用：是一个可位寻址的特殊功能寄存器，用于串行数据通信的控制。

（2）寄存器的内容：如表 6-1 所示。

表 6-1　串行控制寄存器（SCON）的内容

| 位　号 | 位　名　称 | 说　　明 |
|---|---|---|
| D7 | SM0 | 串行口工作方式选择位，这两位的组合决定了串行口的 4 种工作模式：00——方式 0；01——方式 1；10——方式 2；11——方式 3 |
| D6 | SM1 | |
| D5 | SM2 | 多机通信控制位 |
| D4 | REN | 允许接收位：1——允许接收数据；0——禁止接收数据。由软件置位或复位 |
| D3 | TB8 | 发送数据的第 9 位。在方式 2、3 时，其值由用户通过软件设置。在双机通信时，TB8 一般作为奇偶校验位使用。在多机通信中，TB8 的状态表示主机发送的是地址帧还是数据帧：TB8=0 为数据帧，TB8=1 为地址帧 |
| D2 | RB8 | 接收数据的第 9 位 |
| D1 | TI | 发送中断标志位。在方式 0 时，发送完第 8 位后，该位由硬件置位。在其他方式下，在发送停止位之前，由硬件置位。因此，TI=1 表示帧发送结束，其状态既可供软件查询使用，也可用于请求中断。必须软件复位 |
| D0 | RI | 接收中断标志位。在方式 0 时，接收完第 8 位后，该位由硬件置位。在其他方式下，当接收到停止位之前，由硬件置位。因此，RI=1 表示帧接收结束，其状态既可供软件查询使用，也可用于请求中断。必须软件清 0 |

### 2．电源控制寄存器 PCON

| PCON | D7 | D6 | D5 | D4 | D3 | D2 | D1 | D0 |
|---|---|---|---|---|---|---|---|---|
| （87H） | SMOD | — | — | — | GF1 | GF0 | PD | ID |

（1）寄存器的作用：用于电源控制。
（2）寄存器的内容：只介绍和串口相关的位。

SMOD 为串行口波特率的倍增值。当 SMOD=1 时，串行口波特率倍增。系统复位时，SMOD=0。

### 6.2.3 单片机串行口的工作方式

AT89C51 单片机的串行口结构比较复杂，具有 4 种工作方式，这些工作方式用 SCON 中的 SM0 和 SM1 两位来确定，具体内容如表 6-2 所示。

表 6-2 串行口的工作方式

| SM0 | SM1 | 工作方式 | 功　能 | 波　特　率 |
|---|---|---|---|---|
| 0 | 0 | 方式 0 | 同步移位寄存器方式 | $f_{osc}/12$ |
| 0 | 1 | 方式 1 | 8 位 UART | 定时器 T1 溢出率/$n$ |
| 1 | 0 | 方式 2 | 9 位 UART | $f_{osc}/32$ 或 $f_{osc}/64$ |
| 1 | 1 | 方式 3 | 9 位 UART | 定时器 T1 溢出率/$n$ |

**1．工作方式 0**

（1）方式的作用：串行口工作方式 0 为同步移位寄存器输入/输出模式，可外接移位寄存器，以扩展 I/O 口。

（2）引脚的使用：数据由 P3.0（RXD）引脚输出或输入，同步移位脉冲由 P3.1（TXD）引脚输出，每一移位脉冲将使 RXD 端输出或者输入 1 位二进制码。

（3）数据的格式：发送和接收均为 8 位数据，低位在先，高位在后。

（4）方式的波特率：在 TXD 端的移位脉冲即为方式 0 的波特率，其值固定为晶振率 $f_{osc}$ 的 1/12，即每个机器周期移动 1 位数据。

（5）方式的时序图：使用方式 0 实现数据的移位输出时，实际上是把串行口变成并行口使用。数据预先写入串行口数据缓冲器 SBUF，然后从串行口 RXD 端，在移位时钟脉冲（TXD）的控制下，逐位移出串口。当 8 位数据全部移出后，SCON 寄存器的发送中断 TI 被自动置 1，具体如图 6-2 所示。

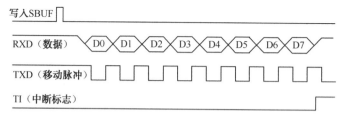

图 6-2 单片机串行口的工作方式 0 的发送数据时序图

串行数据经 RXD 端串行输入，同样由 TXD 端提供移位时钟脉冲。8 位数据串行接收需要有允许接收的控制，具体由 SCON 寄存器的 REN 位实现。REN=0，禁止接收；REN=1 允许接收。当软件置位 REN 时，即开始从 RXD 端输入数据（低位在前），当接收到 8 位数据时，置位接收中断标示 RI，具体如图 6-3 所示。

项目六 点对点双机通信系统的设计与制作

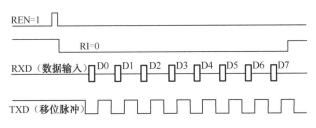

图 6-3 单片机串行口的工作方式 0 的接收数据时序图

### 2．工作方式 1

（1）方式的作用：为波特率可变的 8 位异步通信口。

（2）引脚的使用：数据位由 P3.0（RXD）端接收，由 P3.1（TXD）端发送。

（3）数据的格式：数据为 10 位，即 1 个起始位、8 个数据位（低位在先，高位在前）和 1 个停止位，其数据格式如图 6-4 所示。

图 6-4 单片机串行口的工作方式 1 的数据格式

（4）方式的波特率：方式 1 的波特率由定时器 T1 的溢出率决定。

（5）方式的时序图：采用方式 1 发送数据时，用软件清除 TI 后，CPU 执行任何一条 SBUF 缓冲寄存器的传送指令，就启动发送过程，数据由 TXD 引脚输出，此时的发送移动脉冲是由定时/计数器 T1 送来的溢出信号经过 16 或 32 分频而得到的。一帧信号发送完时，将置位发送中断标志 TI=1，向 CPU 申请中断，完成一次发送过程，具体如图 6-5 所示。

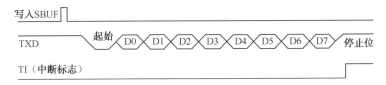

图 6-5 单片机串行口的工作方式 1 的发送数据时序图

采用方式 1 接收数据时，用软件清除 RI 后，当允许接收位 REN 被置位 1 时，接收器以选定波特率的 16 倍的速率采样 RXD 引脚上的电平，即在一个数据位期间有 16 个检测脉冲，并在第 7、8、9 个脉冲期间采样接收信号，然后用 3 中取 2 的原则确定检测值，以抑制干扰。并且，采样是在每个数据位的中间，避免了信号边沿的波形失真造成的采样错误。当检测到有从 1 到 0 的负跳变时，则启动接收过程，在接收脉冲的控制下，接收完一帧信号。当最后一次移动脉冲生产时能满足下列两个条件：RI=0；接收到的停止位为 1 或 SM2=0。则停止位送入 RB8，8 位数据进入 SBUF，并置接收中断标志 RI=1，向 CPU 发出中断请求，完成一次接收数据，具体如图 6-6 所示。

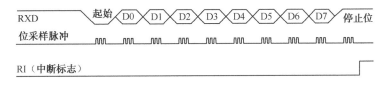

图 6-6 单片机串行口的工作方式 1 的接收数据时序图

### 3．方式 2 和方式 3

（1）方式的作用：作为 9 位异步通信接口。

（2）引脚的使用：数据位由 P3.0（RXD）端接收，由 P3.1（TXD）端发送。

（3）数据的格式：每帧数据结构是 11 位的：最低位是起始位（0），其后是 8 位数据位（低位在先，高位在后），第 10 位是用户定义位（SCON 中的 TB8 或 RB8），最后 1 位是停止位，其数据格式如图 6-7 所示。

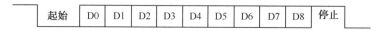

图 6-7　单片机串行口的工作方式 2/3 的数据格式

（4）方式的波特率：方式 2 的波特率固定为 $f_{osc}$ 的 1/64 或 1/32；方式 3 的波特率由定时器 T1 的溢出率决定。

（5）方式的时序图：采用方式 2 或方式 3 发送数据时，先将发送数据（D0～D7）写入 SBUF，而 D8 位的内容则由硬件电路从 TB8 中直接送到发送移位寄存器的第 9 位并以此来启动串行发送。一个字符帧发送完毕后，将 TI 位置 1，向 CPU 申请中断，完成发送过程，具体如图 6-8 所示。

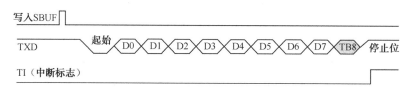

图 6-8　单片机串行口的工作方式 2/3 的发送数据时序图

采用方式 2 或方式 3 接收数据时，数据从右边移入输入移位寄存器，在起始位 0 移到最左边时，控制电路进行最后一次移位。当 RI=0，且 SM2=0（或接收到的第 9 位数据为 1）时，接收到的数据装入接收缓冲器 SBUF 和 RB8（接收数据的第 9 位），置 RI=1，向 CPU 请求中断。如果条件不满足，则数据丢失，且不置位 RI，继续搜索 RXD 引脚的负跳变，具体如图 6-9 所示。

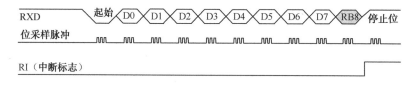

图 6-9　单片机串行口的工作方式 2/3 的接收数据时序图

### 6.2.4　单片机串行口的波特率计算

在串行通信中，收发双方发送或接收数据的波特率应该是相同的。波特率，就是指每秒钟传输数据的位数。通过软件可对单片机串行口的 4 种工作方式的波特率进行设置，其中方式 0 和方式 2 的波特率是固定的，而方式 1 和方式 3 的波特率是可变的，由定时器 T1 的溢出率来决定。

串行口的 4 种工作方式对应 3 种波特率。由于输入的移位时钟的来源不同，所以，各种方式的波特率计算公式也不相同。

方式 0：波特率=$f_{osc}/12$；

方式 1：波特率=（$2^{SMOD}/32$）×（T1 溢出率）；

方式 2：波特率=（$2^{SMOD}/64$）×$f_{osc}$；

方式 3：波特率=（$2^{SMOD}/32$）×（T1 溢出率）。

当 T1 作为波特率发生器时，常选用工作方式 2（自动重装的 8 位定时器方式），并且禁止 T1 中断。此时，TH1 从初值计时到产生溢出，每秒钟溢出的次数称为 T1 的溢出率。

$$T1 \text{ 溢出率} = 1/(C \times T_{机器}) \tag{6-1}$$

式（6-1）说明，定时器 T1 需要计数 $C$ 个脉冲才会溢出，每个脉冲的时间为 $T_{机器}$，也就是说，经过 $C \times T_{机器}$ 时间后，定时器 T1 溢出 1 次。其中，$C=M-TC$，$T_{机器}=12/f_{osc}$，代入式（6-1）得

$$T1 \text{ 溢出率} = 1/(C \times T_{机器}) = f_{osc}/\{12 \times [256-TC]\} \tag{6-2}$$

将 T1 溢出率代入波特率计算公式中，可得

$$波特率 = (2^{SMOD}/32) \times (T1 \text{ 溢出率}) = (2^{SMOD}/32) \times f_{osc}/\{12 \times [256-TC]\} \tag{6-3}$$

根据式（6-3），可以推出 TC 的初值计算公式为

$$TC = 256 - [(2^{SMOD}/32) \times (f_{osc}/12) \times (1/波特率)] \tag{6-4}$$

根据定时器 T1 的工作方式，为 8 位自动重装的方式，TH1=TL1=TC。

## 6.2.5 单片机串行口的初始化步骤

在使用串行口之前，应对其进行编程初始化，主要是设置产生波特率的定时器 1、串行口控制和中断控制。具体步骤如下。

（1）确定定时器 T1 的工作方式，设置 TMOD 寄存器。

（2）确定定时器 T1 的计数初值，装载 TH1、TL1。

（3）启动定时器 T1，把 TCON 中的 TR1 位设置为 1。

（4）确定串行口的控制，设置 SCON 寄存器。

（5）串行口工作在中断方式下，必须开总中断和串行口中断，设置 IE 寄存器。

【例 6-1】 实现甲机和乙机之间的串行通信，双方的晶振频率为 11.0592MHz，通信波特率为 1200b/s，串口采用工作方式 1，试编程初始化串口。

解：（1）计算定时器 T1 的初值。

由已知可得，$f_{osc}$=11.0592MHz，波特率=1200b/s，且波特率不倍增，SMOD=0，代入公式中，可得

$$TC = 256 - [(2^0/32) \times (11.0592M/12) \times (1/1200)]$$
$$= 256 - [[(1/32) \times (11059200/12) \times (1/1200)]$$
$$= 256 - 24 = 232$$

因此，为定时器 T1 装初值时，TH1=TL1=232。

（2）初始化串口编程。

```
TMOD = 0x20;        //确定定时器 T1 的工作方式
TH1=TL1=232;        //确定定时器 T1 的初值
TR1=1;              //启动定时器 T1
SCON=0x50;          //确定串行口的控制
```

```
        ES=1;                    //串行口工作在中断方式下的中断设置
        EA=1;
```

## 6.3 项目概要设计

### 6.3.1 点对点双机通信系统的概要设计

点对点双机通信系统项目的设计要使用中断来完成,具体的设计框图如图 6-10 所示。

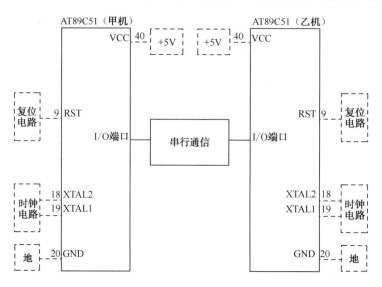

图 6-10 点对点双机通信系统项目的设计框图

从图 6-10 中可以看出,甲机和乙机除了单片机的最小系统之外,需要外接串行通信控制部分,这部分需要和单片机甲机、乙机的 I/O 端口进行连接。

项目的主要设计内容如下。

(1) 进行硬件电路设计时,需要考虑单片机连接的 I/O 端口和串行通信电路。其中,串行通信电路的设计需要考虑电路中串行发送端和接收端的连接电路。

(2) 进行软件设计时,主要需要考虑如何进行串行通信的处理,其中包括串行发送端软件设计、串行接收端软件设计和串行中断的响应中断处理。

### 6.3.2 硬件电路的概要设计

有关点对点双机通信系统项目的硬件电路的概要设计主要集中在串行发送端电路和串行接收端电路的设计,其中,具体需要考虑单片机 I/O 端口和串行连接。设计内容如下。

**1. 串行发送端电路部分**

串行发送端采用单片机的 P3.1 端口,使用第二功能(TXD),作为串行通信数据发送端。为了直观说明发送的数据,单片机通过 P1 端口连接 8 个 LED 灯,显示发送数据。

**2. 串行接收端电路部分**

串行接收端采用单片机的 P3.0 端口,使用第二功能(RXD),作为串行通信数据接收端。

## 项目六 点对点双机通信系统的设计与制作

为了直观说明接收的数据，以便和发送端的数据进行比较，测试接收数据的正确性，单片机通过 P1 端口连接 8 个 LED 灯，显示接收数据。并用闪烁的方式，和发送数据有所区别。

综上所述，数据通过发送端发送出去，在接收端接收到数据。因此，甲机的串行发送端应该和乙机的串行接收端连接；同理，乙机的串行发送端也应该和甲机的串行接收端连接。为了观察发送数据和接收数据的波形，可以连接虚拟示波器，观察波形和波特率。

点对点双机通信系统项目的硬件电路的概要设计图如图 6-11 所示。

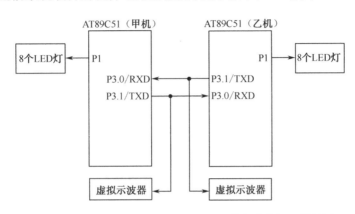

图 6-11 点对点双机通信系统项目的硬件电路的概要设计图

### 6.3.3 软件程序的概要设计

有关点对点双机通信项目的软件设计的核心：如何进行串行通信。

点对点双机通信系统项目的发送数据的控制流向图如图 6-12 所示，其说明如表 6-3 所示。

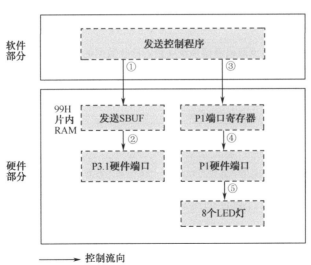

图 6-12 点对点双机通信系统项目的发送数据的控制流向图

表 6-3  点对点双机通信系统项目的发送数据的控制流向图的说明

| 序号 | 说明 |
|---|---|
| ① | 将待发送数据写入串行发送 SBUF |
| ② | 写入发送 SBUF 的数据一位一位地从 P3.1 端口发送出去 |
| ③ | 将待发送数据送至 P1 端口寄存器 |
| ④ | 根据 P1 端口寄存器的值改变 P1 端口的高低电平 |
| ⑤ | 根据 P1 端口的高低电平点亮/熄灭连接的 LED 灯，反映发送的数据 |

通过控制流向的分析，软件设计的重点是：串行端口设置、发送过程的控制。

点对点双机通信系统项目的接收数据的软件控制流向图如图 6-13 所示，其说明如表 6-4 所示。

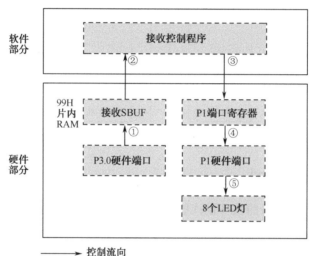

图 6-13  点对点双机通信系统项目的接收数据的控制流向图

表 6-4  点对点双机通信系统项目的接收数据的控制流向图的说明

| 序号 | 说明 |
|---|---|
| ① | 通过 P3.0 硬件端口一位一位接收数据，存入接收 SBUF |
| ② | 将接收 SBUF 的数据读出，说明接收到数据 |
| ③ | 将接收到的数据送至 P1 端口寄存器 |
| ④ | 根据 P1 端口寄存器的值改变 P1 端口的高低电平 |
| ⑤ | 根据 P1 端口的高低电平点亮/熄灭连接的 LED 灯，反映接收的数据 |

通过控制流向的分析，软件设计的重点是：串行端口设置、接收过程的控制。

## 6.4  项目详细设计

### 6.4.1  硬件电路的详细设计

根据点对点双机通信系统的硬件电路的概要设计，其详细设计图如图 6-14 所示。

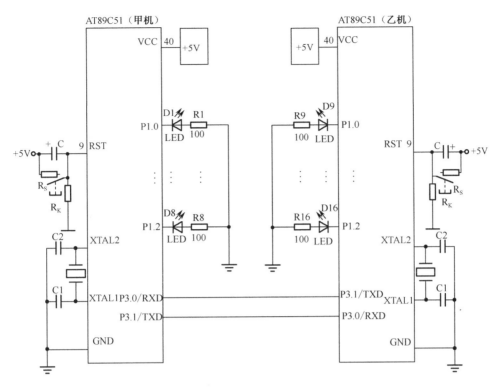

图 6-14　点对点双机通信系统项目的硬件电路详细设计图

（1）单片机（甲机）部分：由电阻 R1~R8 和 LED 灯 D1~D8 组成数据显示部分，根据硬件电路的连接，当 P1.0~P1.7 端口为高电平时，LED 灯 D1~D8 被点亮，当 P1.0~P1.7 端口为低电平时，LED 灯 D1~D8 被熄灭。甲机的串行发送端（P3.1 端口）和乙机的串行接收端连接，组成项目的串行发送数据通道。

（2）单片机（乙机）部分：由电阻 R9~R16 和 LED 灯 D8~D16 组成数据显示部分，根据硬件电路的连接，当 P1.0~P1.7 端口为高电平时，LED 灯 D8~D16 被点亮，当 P1.0~P1.7 端口为低电平时，LED 灯 D8~D16 被熄灭。乙机的串行发送端（P3.1 端口）和甲机的串行接收端连接，组成项目的串行接收数据通道。

## 6.4.2　软件程序的详细设计

根据点对点双机通信系统项目的软件概要设计，软件部分的设计主要是：双机之间点对点的发送和接收处理。具体的点对点双机通信系统项目的主程序处理流程图如图 6-15 所示，其说明如表 6-5 所示。

表 6-5　点对点双机通信系统项目的主程序处理流程图的说明

| 序　号 | 甲机程序说明 | 乙机程序说明 |
| --- | --- | --- |
| 1 | 初始化甲机的串口（方式、波特率） | 初始化乙机的串口（方式、波特率） |
| 2 | 甲机向乙机发送数据 0xAA | 乙机接收来自甲机的数据 0xAA |
| 3 | 甲机接收来自乙机的数据 0x01 | 乙机向甲机发送数据 0x01 |

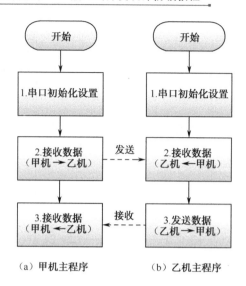

图 6-15 点对点双机通信系统项目的主程序处理流程图

其中,点对点双机通信系统项目的串口初始化设置的处理流程图如图 6-16 所示,其说明如表 6-6 所示。

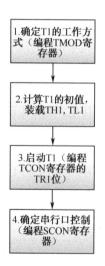

图 6-16 点对点双机通信系统项目的串口初始化设置的处理流程图

表 6-6 点对点双机通信系统项目的串口初始化设置的处理流程图的说明

| 序 号 | 说 明 |
| --- | --- |
| 1 | 采用串口工作方式 1 和工作方式 3 时,需要使用 T1 作为波特率发生器,因此计算串口工作的波特率需要考虑 T1 的溢出率,确定 T1 的工作方式,编程 TMOD 寄存器 |
| 2 | 计算 T1 的初值,装载 TH1、TL1 |
| 3 | 启动 T1(编程 TCON 寄存器的 TR1 位) |
| 4 | 确定串行口控制(编程 SCON 寄存器) |

其中，点对点双机通信系统项目的发送数据和接收数据的处理流程图如图 6-17 所示，其说明如表 6-7、表 6-8 所示。

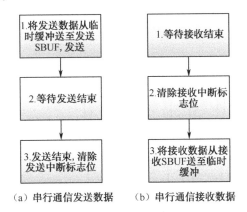

图 6-17  点对点双机通信系统项目的发送数据和接收数据的处理流程图

表 6-7  点对点双机通信系统项目的发送数据的处理流程图的说明

| 序　号 | 说　　明 |
| --- | --- |
| 1 | 将待发送数据传送至发送 SBUF，移位寄存器将数据一位一位地发送 |
| 2 | 等待移位寄存器将数据一位一位发送结束。数据发送结束，引起发送中断 TI |
| 3 | 检测到发送中断 TI，说明发送结束。为了下一次发送，清除发送中断标志位 TI |

表 6-8  点对点双机通信系统项目的接收数据的处理流程图的说明

| 序　号 | 说　　明 |
| --- | --- |
| 1 | 等待移位寄存器将数据一位一位接收结束。数据接收结束，引起接收中断 RI |
| 2 | 为了下一次接收，清除接收中断标志位 RI |
| 3 | 将已接收数据传送至接收 SBUF |

## 6.5  项目实施

### 6.5.1  硬件电路的实施

点对点双机通信项目所使用的元器件清单如表 6-9 所示。

表 6-9  点对点双机通信项目所使用的元器件清单

| 序　号 | 库参考名称 | 库 | 描　述 |
| --- | --- | --- | --- |
| 1 | AT89C51 | MCS8051 | 8051 Microcontroller |
| 2 | RES | DEVICE | Generic resistor symbol |
| 3 | LED-RED | ACTIVE | Animated LED Model(RED) |

点对点双机通信项目的硬件原理图如图 6-18 所示。

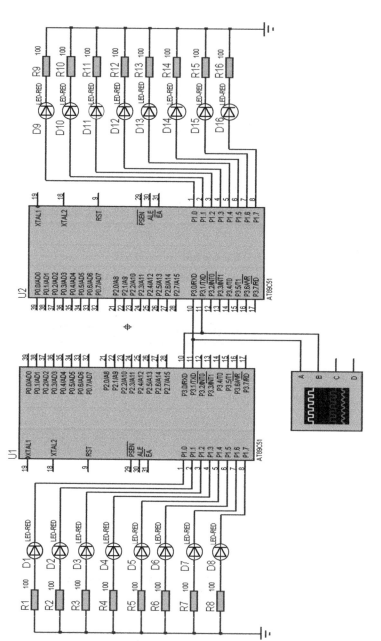

图 6-18 点对点双机通信系统的硬件电路原理图

其中，有关虚拟示波器的添加步骤如下。

（1）点击工具栏中的"虚拟仪器模式"按钮，进入虚拟仪器模式，在仪器列表中选择"OSCILLOSCOPE"，也就是选择虚拟示波器，如图 6-19 所示。

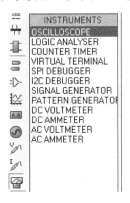

图 6-19　添加虚拟示波器

（2）在电路中合适位置放置虚拟示波器，并连接好仪器。

将虚拟示波器的"A"端连接至 U1 的 P3.1 引脚，虚拟示波器的"B"端连接至 U2 的 P3.1。

## 6.5.2　软件程序的实施

点对点双机通信系统项目的甲机的程序源文件如下。

```
/*******************************/
/*      甲机程序                */
/*******************************/
#include <reg51.h>
//全局变量说明
char data_buf;                  //临时数据缓冲
//子函数声明
void init_serial_port();        //初始化串口子函数
void send_data();               //发送数据子函数
void receive_data();            //接收数据子函数
void delay(int time);           //延时子函数

void main()
{
    //1. 初始化串口
    init_serial_port();

    //2.发送数据
    data_buf=0xAA;              //（1）准备待发送数据 0xAA
    send_data();                //（2）发送数据至乙机
    P1=data_buf;                //（3）将发送数据送至 U1 的 P1 口显示
    delay(100);                 //（4）延时

    //3.接收数据
    receive_data();             //（1）接收乙机发送的数据
    P1=data_buf;                //（2）将发送数据送至 U1 的 P1 口显示
```

```
        delay(100);                      //（3）延时
}

void init_serial_port()
{
    TMOD=0x20;                    //1.确定T1的工作方式（编程TMOD寄存器）
    TH0=0xE8;                     //2.计算T1的初值，装载TH1和TL1
    TL0=0xE8;
    TR1=1;                        //3.启动T1（编程TCON寄存器的TR1位）
    SCON=0x50;                    //4.确定串行口控制（编程SCON寄存器）
}
void send_data()
{
    SBUF=data_buf;                //1.将发送数据从临时缓冲送至发送SBUF，发送
    while(TI==0);                 //2.等待发送结束
    TI=0;                         //3.发送结束，清除发送中断标志位
}
void receive_data()
{
    while(RI==0);                 //1.等待接收结束
    RI=0;                         //2.清除接收中断标志位
    data_buf=SBUF;                //3.将接收数据从接收SBUF送至临时缓冲
}

void delay(int time)
{
    int i,j;
    for(i=0;i<time;i++)
        for(j=0;j<1000;j++);
}
```

点对点双机通信系统项目的乙机的程序源文件如下。

```
/******************************/
/*    乙机程序                 */
/******************************/
#include <reg51.h>
//全局变量说明
char data_buf;                    //临时数据缓冲
//子函数声明
void init_serial_port();          //初始化串口子函数
void send_data();                 //发送数据子函数
void receive_data();              //接收数据子函数
void delay(int time);             //延时子函数

void main()
{
    //1. 初始化串口
    init_serial_port();

    //2.接收数据
    receive_data();               //（1）接收甲机发送的数据
```

```
        P1=data_buf;              //（2）将发送数据送至 U2 的 P1 口显示
        delay(100);                //（3）延时

        //3.发送数据
        data_buf=0x01;             //（1）准备待发送数据 0x01
        send_data();               //（2）发送数据至甲机
        P1=data_buf;               //（3）将发送数据送至 U2 的 P1 口显示
        delay(100);                //（4）延时
}

void init_serial_port()
{
        TMOD=0x20;                 //1.确定 T1 的工作方式（编程 TMOD 寄存器）
        TH0=0xE8;                  //2.计算 T1 的初值，装载 TH1 和 TL1
        TL0=0xE8;
        TR1=1;                     //3.启动 T1（编程 TCON 寄存器的 TR1 位）
        SCON=0x50;                 //4.确定串行口控制（编程 SCON 寄存器）
}
void send_data()
{
        SBUF=data_buf;             //1.将发送数据从临时缓冲送至发送 SBUF，发送
        while(TI==0);              //2.等待发送结束
        TI=0;                      //3.发送结束，清除发送中断标志位
}
void receive_data()
{
        while(RI==0);              //1.等待接收结束
        RI=0;                      //2.清除接收中断标志位
        data_buf=SBUF;             //3.将接收数据从接收 SBUF 送至临时缓冲
}

void delay(int time)
{
        int i,j;

        for(i=0;i<time;i++)
                for(j=0;j<1000;j++);
}
```

## 6.6 项目仿真与调试

### 6.6.1 项目仿真

有关点对点双机通信系统项目的仿真，具体步骤如下。

### 1. 第一步——Keil 软件环境设置

分别打开甲机和乙机的项目工程文件，选择【工程】→【为目标 Target1 设置选项】菜单命令，在弹出的"设置选项"对话框中，单击"输出"选项卡，在"创建可执行文件"选项中勾选"产生 HEX 文件"，这样编译项目工程就可以产生可执行文件*.hex。分别编译甲机和乙机的项目工程文件，产生 HEX 可执行文件并装载到单片机中，如图 6-20 所示。

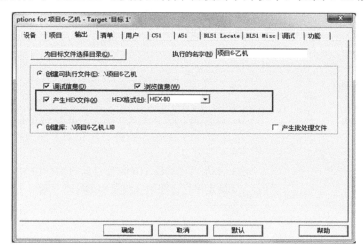

图 6-20　产生 HEX 文件的设置

这样编译完成后，可以在项目工程文件夹中查看到甲机和乙机的可执行文件：

① 项目 6-甲机.hex；

② 项目 6-乙机.hex。

其中，HEX 文件是指由十六进制数组成的机器码或者数据常量的文件。

### 2. 第二步——Proteus 软件环境设置

（1）装载甲机的程序可执行文件。

选中甲机 U1 并双击，在弹出的"编辑元件"对话框中，在"Program File"选项中选择甲机编译时产生的 HEX 可执行文件，单击【确定】按钮完成程序文件的装载，如图 6-21 所示。

图 6-21　装载甲机的程序可执行文件

（2）装载乙机的程序可执行文件。

选中乙机 U2 并双击，在弹出的"编辑元件"对话框中，在"Program File"选项中选择乙机编译时产生的 HEX 可执行文件，单击【确定】按钮完成程序文件的装载，如图 6-22 所示。

项目六 点对点双机通信系统的设计与制作

图 6-22　装载乙机的程序可执行文件

## 3．第三步——在 Proteus 软件中，点击运行按钮，查看运行结果

（1）甲机向乙机发送数据 0xAA，乙机接收到数据并显示。具体如图 6-23 所示。

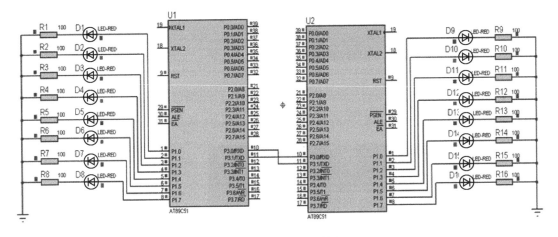

图 6-23　甲机向乙机发送数据 0xAA

（2）乙机接收到 0xAA 数据后向甲机发送数据 0x01，甲机接收并显示，如图 6-24 所示。

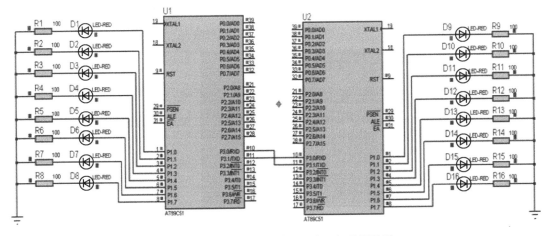

图 6-24　乙机接收到 0xAA 数据后向甲机发送数据 0x01

## 6.6.2　项目调试

在串行通信仿真调试过程中，当建立通信连接后，需要进一步确定数据传输的正确性。数据的正确性包括数据位数和数据格式的正确性。通过 Proteus 软件中的虚拟示波器可以查看

数据，具体如图 6-25 所示。

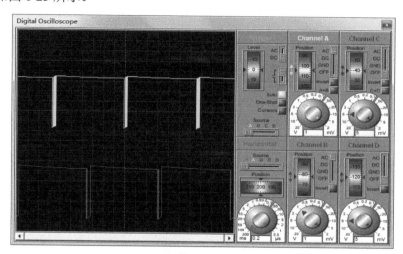

图 6-25　通过虚拟示波器查看串行通信数据

其中，将发送数据展开来进行分析，如图 6-26、图 6-27 所示。

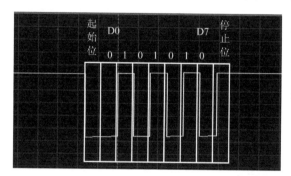

图 6-26　甲机向乙机发送的数据

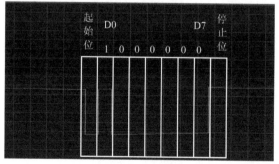

图 6-27　乙机向甲机发送的数据

## 6.7　项目小结

根据项目实施的结果，可以看出已经实现项目的硬件要求和软件要求，实现了两个单片机之间的点对点串行双机通信。通过这个项目，需要掌握以下有关单片机内部串口的知识。

### 1. 串口有关的寄存器

根据串口的硬件结构，与串口有关的寄存器有两个：

① 串行控制寄存器（SCON）；| SM0 | SM1 | SM2 | REN | TB8 | RB8 | TI | RI |

② 电源控制寄存器（PCON）。| SM0D | — | — | — | CF1 | CF0 | PD | ID |

### 2. 串口的工作方式

① SM1SM0=00：方式 0，同步移位寄存器方式。波特率为 $f_{osc}/12$；
② SM1SM0=01：方式 1，8 位 UART。波特率为定时器 T1 溢出率/$n$；
③ SM1SM0=10：方式 2，9 位 UART。波特率为 $f_{osc}/32$ 或 $f_{osc}/64$；
④ SM1SM0=11：方式 3，9 位 UART。波特率为定时器 T1 溢出率/$n$。

### 3. 串口的初始化步骤

① 确定定时器 T1 的工作方式，设置 TMOD 寄存器；
② 确定定时器 T1 的计数初值，装载 TH1、TL1；
③ 启动定时器 T1，把 TCON 中的 TR1 位设置为 1；
④ 确定串行口的控制，设置 SCON 寄存器；
⑤ 串行口工作在中断方式下，必须开总中断和串行口中断，设置 IE 寄存器。

## 6.8 项目拓展

### 6.8.1 利用 COMPIM 组件调试串行通信

在 PROTEUS 软件中，可以找到一个 COMPIM 组件，它的图形及默认属性如图 6-28 所示。

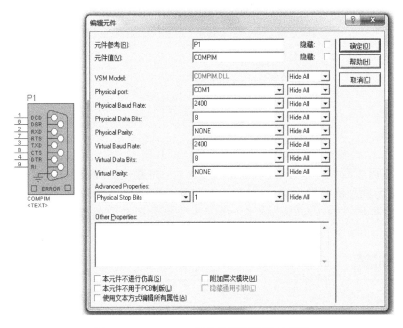

图 6-28 COMPIM 组件的图形及默认属性

把 COMPIM 放在仿真电路图中，当仿真运行起来之后，送到 COMPIM3 号引脚的串行数据，将会通过 PC 的 COM1 串行口输出，如果在 PC 的 COM1 串行口外接一条电缆，可将串行数据送到其他的硬件设备上。

同样，其他的硬件设备送到 PC 的 COM1 的串行数据，也会在 COMPIM 的 2 号引脚出现，送到仿真电路里面。

COMPIM 组件内部自带 RS-232 和 TTL 的电平转换功能，因此不需要再使用电平转换芯片。

利用 COMPIM，就可以用一台 PC 仿真带有串行口的单片机系统，通过外接的电缆，和另外一台 PC 进行全双工的串行通信，从而十分轻松地实现了对远程测量、控制系统进行仿真调试。

### 6.8.2 利用"串口虚拟软件"调试串行通信

上述的调试方法可以说是很完备了，但还是必须在两个串行口之间连接一条串行通信电缆。为了省去这条电缆，就可以使用虚拟串口软件。

Virtual Serial Port Driver 软件可以为 PC 增加一些两两连接的虚拟串行口。该软件运行起来如图 6-29 所示。

图 6-29 "串口虚拟软件"调试串行通信

在图 6-28 中可以看到，COM1、COM2 就是"一对连接好虚拟串行口"；PC 原来就有实际的串行口，称为物理串行口，为 COM3。有了这两两连接的虚拟串行口，就可以在同一台 PC 上进行两个软件的全双工串行通信了，并且不需要使用通信电缆。

## 6.9 理论训练

**1. 填空题**

（1）串口工作方式 0 时,串口为_____寄存器的输入输出方式。主要用于扩展_____输入或输出口。数据由_____引脚输入或输出，_____由 TXD 引脚输出。发送和接收均为位数据，_____位在先，_____位在后。波特率固定为_____。

（2）方式 1 是_____位数据的异步通信口。TXD 为数据_____引脚，RXD 为数据引脚，其中，_____位起始位，_____位数据位，_____位停止位。波特率为_____。

（3）方式 2 或 3 时为_____位数据的异步通信口。_____为数据发送引脚，_____为数据接收引脚。其中，_____位起始位，_____位数据位，_____位停止位，一帧数据共有_____位。方式 2 的波特率为_____，方式 3 的波特率为_____。

2．选择题

（1）串行口发送中断标志 TI 的特点是（　　）。

A．发送数据时 TI = 1　　　　B．发送数据后 TI = 1
C．发送数据前 TI = 1　　　　D．发送数据后 TI = 0

（2）采用可变波特率的串行通信的工作方式为（　　）。

A．方式 0 和方式 2　　　　　B．方式 1 和方式 2
C．方式 1 和方式 3　　　　　D．方式 2 和方式 3

3．简答题

单片机外接晶振频率为 12MHz，要求串行通信波特率为 4800b/s，串口采用工作方式 1，试编程初始化串口。

# 外部扩展篇

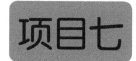

# 存储器扩展的设计与制作

**知识目标**

1. 了解存储器的种类和区别
2. 掌握存储器的扩展方法
3. 掌握单片机和存储器的硬件连接方法
4. 掌握单片机对存储器的访问控制方法

**能力目标**

1. 能够举例说明身边的存储器设备
2. 能够正确进行单片机和存储器的硬件连接
3. 能够正确进行单片机对存储器的访问控制

## 7.1 项目要求与分析

### 7.1.1 项目要求

在单片机最小系统的基础上,设计一个数字电压表项目,首先扩展存储器。
(1) 通过单片机的 I/O 端口扩展存储器,用于存储临时数据。
(2) 存储器的容量为 8KB。
(3) 将临时数据写入存储器中,也可以读取存储的数据。

### 7.1.2 项目要求分析

根据项目要求的内容,需要满足以下要求,才可以完成项目的设计。
(1) 硬件功能要求:系统由单片机和存储器组成,完成单片机和存储器的连接。
(2) 软件功能要求:完成单片机对存储器的读取和写入的访问控制功能。

(3) 环境要求：由 Proteus 软件和 Keil 软件构建。

存储器的主要功能是存储程序和各种数据，并能够高速、自动地完成程序或数据的存取。存储器中每个存储单元对应一个地址，称为存储单元地址，65536 个单元就有 65536 个地址，可用 4 位十六进制数表示，即存储器的地址为 0000H～FFFFH。存储器中每个存储单元可存放一个八位二进制信息，称为存储单元内容，通常用 2 位十六进制数来表示。存储器的存储单元地址和存储单元内容是不同的两个概念，不能混淆。通常，可以根据存储单元地址访问存储单元内容。

按读写功能可以划分为只读存储器（ROM）和随机读写存储器（RAM）。只读存储器（ROM）是只能读出而不能写入的半导体存储器，存储的内容是固定不变的，通常为程序、常数和表格。随机读写存储器（RAM）是既能读出又能写入的半导体存储器，存储的内容是随机变化的，通常为临时变量数据。

对于存储器芯片而言，需要掌握存储单元数、存储容量和地址线根数这 3 个概念。

（1）存储单元数：存储芯片的名字说明存储单元数。例如，2716 为 16Kb，有 16K 位。

（2）存储容量：是指存储器所能容纳的二进制信息总量。对于数据位数是 8 位（一个字节）的单片机，以字节数来表示容量。例如，2716 的存储容量是 2KB，即 2048 个字节。

（3）地址线根数 $n$：2KB 的存储芯片有 2048 个地址，根据 $2^{11}=2048$，有 11 根地址线。

$$2^n = 存储容量$$

根据项目要求，可以看出，单片机需要扩展一个 8KB 的数据存储器。

为了实现上述功能要求，应该掌握以下知识：

① 存储器的扩展方法；
② 单片机和存储器的硬件连接；
③ 单片机对存储器的读写访问控制。

为了实现上述功能要求，应该具备以下能力：

① 能够使用 Proteus 软件的实现硬件功能要求；
② 能够使用 Keil 软件的实现软件功能要求：完成对存储器的读写访问控制；
③ 能够使用 Keil 软件和 Proteus 软件的联调开发环境完成整个项目设计，实现要求。

## 7.2 项目理论知识

### 7.2.1 存储器的扩展方法

单片机系统的扩展是以单片机为核心进行的，扩展内容包括存储器和 I/O 设备等。扩展是通过系统总线进行的，通过总线把各扩展部件连接起来，并进行数据、地址和信号的传送，如图 7-1 所示。

总线是指连接系统中单片机与各扩展部件的一组公共信号线，按其功能通常把系统总线分为 3 组，即地址总线、数据总线和控制总线。

1）地址总线（Address Bus，AB）

地址总线传送的内容是地址，用于存储单元和 I/O 端口的地址选择。地址总线的控制方向是单向的，地址信号只能由单片机向外送出。

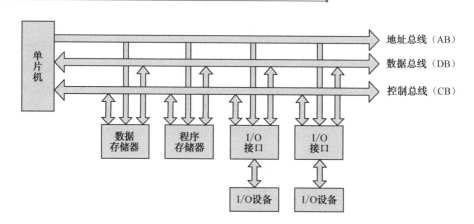

图 7-1 单片机系统的扩展框图

地址总线的位数决定着可直接访问的存储单元的数目。例如，$n$ 位地址，可以产生 $2^n$ 个连续地址编码，因此可访问 $2^n$ 个存储单元，即通常所说的寻址范围为 $2^n$ 地址单元。

2）数据总线（Data Bus，DB）

数据总线传送的内容是数据，用于在单片机与存储器之间或 I/O 端口之间传送数据。数据总线是双向的，可以进行两个方向的数据传送。数据总线的位数与单片机处理数据的位数一致。AT89C51 单片机是 8 位数据，所以数据总线的位数也是 8 位。

3）控制总线（Control Bus，CB)

控制总线是一组控制信号线，包括单片机发出的，以及从其他部件传送给单片机的。

对于单片机系统的存储器的扩展，按照图 7-1 中所示，数据存储器和程序存储器都是直接连接到单片机的三总线上，因此采用的方法是三总线的扩展方法：

1）扩展地址总线

根据 I/O 端口的用途可知，单片机扩展地址总线需要以下两个端口：

① P0 口作为地址总线的低 8 位地址；

② P2 口作为地址总线的高位地址（具体使用位数由存储单元数目决定）。

P0 口线既作为地址线使用又作为数据线使用，具有双重功能，因此需采用复用技术，使用一个 8 位锁存器对地址和数据进行分离。由锁存器锁存系统的低 8 位地址，其后 P0 口线就作为数据线使用。通常使用的锁存器有 74LS273 或 74LS373。

如果使用 P2 口的全部 8 位口线，再加上 P0 口提供的低 8 位地址，则形成了完整的 16 位地址总线。使单片机系统的扩展寻址范围达到 64K 单元。

小容量的存储器扩展常采用线选法，直接以系统的高地址位作为存储芯片的片选信号。而对于大容量多芯片存储器扩展时，常采用译码法，使用译码器对系统的高位地址进行译码，以其译码输出作为存储芯片的片选信号。

2）扩展数据总线

根据 I/O 端口的用途可知，单片机扩展数据总线需要使用 P0 端口，数据总线的 8 位数据位数与 AT89C51 单片机处理数据位数一致。

3）扩展控制总线

除了地址总线和数据总线之外，在扩展系统中还需要单片机提供一些控制信号线，以构成扩展系统的控制总线。其中包括：

① ALE 引脚：作地址锁存的选通信号，以实现低 8 位地址的锁存；
② $\overline{PSEN}$ 引脚：作扩展程序存储器的读选通信号；
③ $\overline{EA}$ 引脚：作为内外程序存储器的选择信号；
④ $\overline{RD}$ 和 $\overline{WR}$ 引脚：作为扩展数据存储器和 I/O 端口的读写选通信号。

## 7.2.2 程序存储器的扩展

### 1. 单片机和程序存储器的硬件连接

当单片机片内程序存储器容量满足不了要求时，需要进行程序存储器的扩展。单片机的程序存储器扩展使用只读存储器芯片（Read Only Memory，ROM）。

以程序存储器 2716 为例说明硬件连接扩展的方法和步骤。

程序存储器 2716 是 2KB×8 紫外线擦除电可编程只读存储器。单一+5V 供电，最大功耗 25mW，维持功耗 132mW，读出时间最大 450ns，引脚如图 7-2 所示。

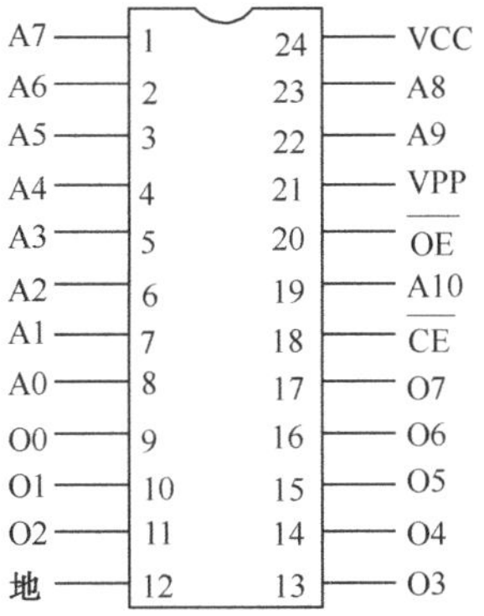

1）扩展芯片引脚的分类

程序存储器 2716 具有 24 个引脚，各引脚的功能如下。

（1）电源引脚：VCC：+5V 电源；
GND：地。

（2）控制引脚：$\overline{CE}$：片选信号输入引脚，低电平有效，选中程序存储器 2716；

$\overline{OE}$：数据输出允许控制信号引脚，低电平有效，用以允许数据输出。

图 7-2 程序存储器 2716 的引脚

（3）I/O 引脚：A10～A0：地址信号输入引脚，可寻址芯片的 2KB 个存储单元；

O7～O0：双向数据信号输入输出引脚。

2）与单片机的连接

根据引脚的功能，采用三总线扩展方法，程序存储器 2716 与 AT89C51 单片机的相同功能的总线进行连接，具体的连接引脚如表 7-1 所示。

表 7-1 程序存储器 2716 与 AT89C51 单片机的连接

| 总 线 名 称 | AT89C51 的引脚 | 2716 的引脚 |
| --- | --- | --- |
| 地址总线 | P0.0～P2.2 | A0～A10 |
| 数据总线 | P0.0～P0.7 | O0～O7 |
| 控制总线 | $\overline{PSEN}$ | $\overline{OE}$ |
| | P2.3 | $\overline{CE}$ |

对于单片机而言，扩展程序存储器时还需要设置 $\overline{EA}$ 引脚，说明使用外部还是内部的程序存储器。通常，扩展程序存储器就是要使用它，因此，$\overline{EA}$ 设置为 0。

3）寻址范围的确定

外接程序存储器 2716，可知存储器的存储数据位数为 16Kb。

单片机的数据位数为 8 位（一个字节），因此，对于单片机而言，存储器的存储容量：

16Kbit/8b=2KB

根据式，$2^n=2KB$，可得 $n=11$，即程序存储器 276 所需的地址总线位数是 11 位，P0 端口的 8 位低位地址线和 P2 端口的 3 位高位地址线。片选信号由 P2.3 端口控制。

表 7-2　程序存储器 2716 的地址分配表

| AT89C51 单片机 | P2.7 | P2.6 | P2.5 | P2.4 | P2.3 | P2.2 | P2.1 | P2.0 | P0.7～P0.0 |
|---|---|---|---|---|---|---|---|---|---|
| 程序存储器 2716 | × | × | × | × | $\overline{CE}$ | A10 | A9 | A8 | A7～A0 |
| 起始地址 | × | × | × | × | 0 | 0 | 0 | 0 | 00000000 |
| … | × | × | × | × | 0 | … | … | … | … |
| 结束地址 | × | × | × | × | 0 | 1 | 1 | 1 | 11111111 |

表 7-2 中，"×"表示无关位，为了方便计算，设置为 0。那么，单片机外部扩展的程序存储器 2716 的地址范围为 0000H～07FFH，寻址范围大小为 2Kbit。

**2. 单片机对程序存储器的访问控制**

程序存储器 2716 共有五种工作方式，由各信号的状态组合来确定，具体如表 7-3 所示。

表 7-3　程序存储器 2716 存储芯片的工作方式

| 方式 \ 引脚 | $\overline{CE}$ | $\overline{OE}$ | VPP | O7～O0 |
|---|---|---|---|---|
| 读 | 0 | 0 | 5V | DOUT |
| 维持 | 1 | × | 5V | 高阻 |
| 编程 | 正脉冲 | 1 | 21V | DIN |
| 编程检查 | 0 | 0 | 21V | DOUT |
| 编程禁止 | 0 | 1 | 21V | 高阻 |

注：0——TTL 低电平；1——TTL 高电平；DOUT——数据输出；DIN——数据输入。

单片机对程序存储器 2716 的访问控制就是需要按上述五种工作方式控制 2716。

1）读方式

当 $\overline{CE}$ 及 $\overline{OE}$ 均为低电平，VPP=+5V，2716 芯片被选中并处于读出工作方式。这时被寻址单元的内容经数据线 O7～O0 读出。

2）维持方式

当 $\overline{CE}$ 为高电平时，芯片不被选中，其数据线输出为高阻抗状态。

3）编程方式、编程检查方式、编程禁止方式

当 VPP 端加 21V 高电压，才可以进行上述三种方式。$\overline{CE}$ 为正脉冲（低电平→高电平），芯片被选中，$\overline{OE}$ 加高电平时，程序存储器 2716 处于编程工作方式，进行信息的重新写入。这时编程地址由 A10～A0 输入，写入数据由 O7～O0 输入。

$\overline{CE}$ 为低电平，芯片被选中。$\overline{OE}$ 为低电平，芯片输出数据，编程检查的结果通过数据线 O7～O0 输出。当 $\overline{OE}$ 为高电平时，禁止编程，数据线输出为高阻抗状态。

### 7.2.3　数据存储器的扩展

**1. 单片机和程序存储器的硬件连接**

当单片机片内数据存储器容量满足不了要求时，需要进行数据存储器的扩展。单片机的

数据存储器扩展使用随机访问存储器芯片（Random Access Memory，RAM）。

以数据存储器 6264 为例说明扩展的方法和步骤。数据存储器 6264 的引脚如图 7-3 所示。

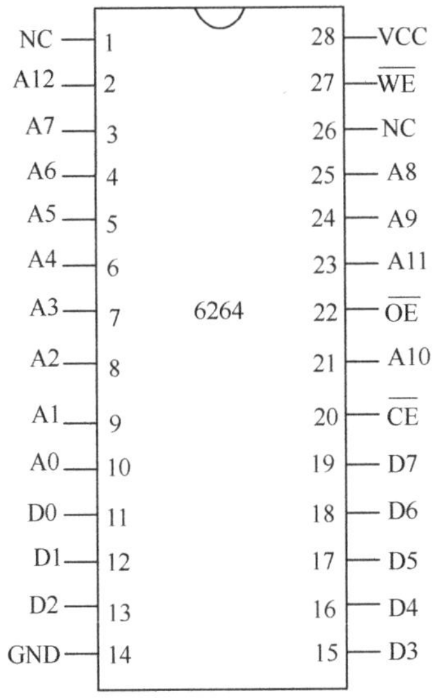

1）引脚的分类

数据存储器 6264 具有 27 个引脚，各引脚的功能如下。

（1）电源引脚：VCC：+5V 电源；

GND：地。

（2）控制引脚：$\overline{\text{OE}}$：数据输出允许控制信号引脚，低电平有效，用以允许数据输出；

$\overline{\text{WE}}$：数据输入允许控制信号引脚，低电平有效，用以允许数据输入；

$\overline{\text{CS1}}$：片选信号输入引脚，在读/写方式时为低电平；

CS2：片选信号输入引脚，在读/写方式时为高电平。

（3）I/O 引脚：A12～A0：地址信号输入引脚，可寻址芯片的 8KB 个存储单元；

D7～D0：双向数据信号输入输出引脚。

图 7-3 数据存储器 6264 的引脚

2）与单片机的连接

根据引脚的功能，采用三总线扩展方法，数据存储器 6264 与 AT89C51 单片机的相同功能的总线进行连接，具体连接如表 7-4 所示。

表 7-4 数据存储器 6264 与 AT89C51 单片机的连接

| 总线名称 | AT89C51 单片机的引脚 | 数据存储器 6264 的引脚 |
| --- | --- | --- |
| 地址总线 | P0.0～P2.4 | A0～A12 |
| 数据总线 | P0.0～P0.7 | D0～D7 |
| 控制总线 | GND | $\overline{\text{CE}}$ |
|  | $\overline{\text{RD}}$ | $\overline{\text{OE}}$ |
|  | $\overline{\text{WR}}$ | $\overline{\text{WE}}$ |

3）寻址范围的确定

外接数据存储器 6264，可知存储器的存储数据位数为：64Kb。

对于单片机而言，存储器的存储容量为 64Kb/8b=8KB。

数据存储器 6264 的地址总线位数是 13 位，P0 端口的 8 位低位地址线和 P2 端口的 5 位高位地址线。

表 7-5 数据存储器 6264 的地址分配表

| AT89C51 单片机 | P2.7 | P2.6 | P2.5 | P2.4 | P2.3 | P2.2 | P2.1 | P2.0 | P0.7～P0.0 |
| --- | --- | --- | --- | --- | --- | --- | --- | --- | --- |
| 数据存储器 6264 | × | × | × | A12 | A11 | A10 | A9 | A8 | A7～A0 |
| 起始地址 | × | × | × | 0 | 0 | 0 | 0 | 0 | 00000000 |
| … | × | × | × | … | … | … | … | … | … |
| 结束地址 | × | × | × | 1 | 1 | 1 | 1 | 1 | 11111111 |

表中，"×"表示无关位，为了方便计算，设置为 0。

那么,单片机外部扩展的数据存储器 6264 的信息如下:
① 地址范围为 0000H~1FFFH;
② 寻址范围大小为 8Kb(1FFFH~0000H=8192B=8KB)。

**2. 单片机对数据存储器的访问控制**

数据存储器 6264 有四种工作方式,由各信号的状态组合来确定,具体如表 7-6 所示。

表 7-6 6264 存储芯片的工作方式

| 方式 \ 引脚 | $\overline{CS1}$ | CS2 | $\overline{OE}$ | $\overline{WE}$ | D7~D0 |
|---|---|---|---|---|---|
| 读 | 0 | 1 | 0 | 1 | DOUT |
| 写 | 0 | 1 | 1 | 0 | DIN |
| 保持 | 1 | × | × | × | 高阻态 |

注:0——TTL 低电平;1——TTL 高电平;DOUT——数据输出;DIN——数据输入。

单片机对程序存储器 6264 的访问控制就是需要按上述四种工作方式控制程序存储器 6264。

1) 读方式

当 $\overline{CS1}$ 为低电平,CS2 为高电平,芯片选中,$\overline{OE}$ 为低电平(允许输出),$\overline{WE}$ 为高电平(禁止写入),程序存储器 6264 芯片被选中并处于读出工作方式。读取地址通过 A10~A0 稳定输入,读取的数据内容经数据线 D7~D0 输出,指定地址中的数据被送至数据线 D7~D0 上。

2) 写方式

当 $\overline{CS1}$ 为低电平,CS2 为高电平,芯片选中,$\overline{WE}$ 为低电平(允许写入),$\overline{OE}$ 为高电平(禁止输出),6264 芯片被选中并处于写入工作方式。写入地址通过 A10~A0 输入,写入的数据内容经数据线 D7~D0 输入,数据由数据线 D7~D0 写入指定的地址中。

3) 保持方式

当 $\overline{CE}$ 为高电平时,芯片不被选中,其数据线输出为高阻抗状态。

## 7.3 项目概要设计

### 7.3.1 数字电压计系统的存储器扩展概要设计

数字电压计系统项目的存储器扩展部分的设计框图如图 7-4 所示。

从图 7-4 中可以看出,同样,除了单片机的最小系统之外,需要外接数据存储器部分,通过地址总线、数据总线和控制总线,和单片机的 I/O 端口进行连接。

项目的主要设计内容如下。

(1) 进行硬件电路设计时,考虑和单片机连接的地址、数据和控制总线的 I/O 端口。

(2) 进行软件设计时,需要考虑如何将数据存储到片外数据存储器。

项目七 存储器扩展的设计与制作

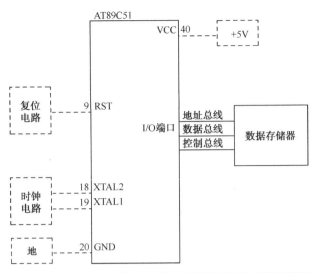

图 7-4 数字电压计系统项目的存储器扩展部分的设计框图

### 7.3.2 硬件电路的概要设计

有关数字电压计系统项目的存储器扩展部分的硬件电路的概要设计，主要设计以下内容。

1）地址总线部分

根据 4 个 I/O 端口的结构和用途说明，能够做地址总线的是 P0 和 P2 端口。

外接数据存储器 6264，存储单元为 64Kb，存储容量是 8KB，$2^n$=8KB，可得 $n$=13，即数据存储器 6264 所需的地址总线位数是 13 位，P0 端口的 8 位低位地址线和 P2 端口的 5 位高位地址线。

2）数据总线部分

根据 4 个 I/O 端口的结构和用途说明，能够做数据总线的是 P0 端口，共 8 位数据线。

3）控制总线部分

根据单片机控制引脚的说明，和数据存储器控制相关的引脚有：

① ALE：控制锁存器 74LS373，用于将数据和地址分离；

② $\overline{WR}$：控制数据存储器 6264 的读数据操作，用于从数据存储器 6264 中读取数据；

③ $\overline{RD}$：控制数据存储器 6264 的写数据操作，用于向数据存储器 6264 中写入数据。

有关上述的设计内容，具体如图 7-5 所示。

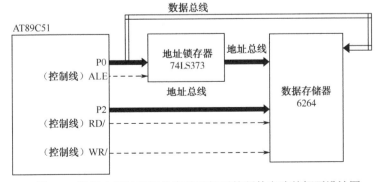

图 7-5 数据电压计项目的存储器扩展的硬件电路的概要设计图

### 7.3.3 软件程序的概要设计

有关数字电压计系统项目的存储器扩展部分的软件设计的核心：如何访问外部程序存储器。数字电压计系统项目的存储器扩展部分的软件设计控制流向图如图 7-6 所示，其说明如表 7-7 所示。

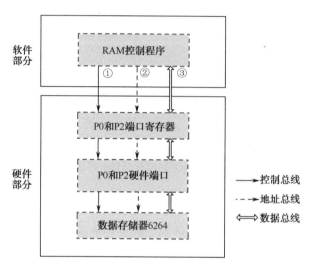

图 7-6　数字电压计系统项目的存储器扩展部分的软件设计控制流向图

表 7-7　数字电压计系统项目的存储器扩展部分的软件设计控制流向的说明

| 序　号 | 说　　明 |
| --- | --- |
| ① | 单片机的 RAM 控制程序控制数据存储器 6264 的工作方式，从而控制数据存储器 6264 的 $\overline{OE}$ 和 $\overline{WE}$ 控制引脚，进一步控制数据存储器 6264 的读和写的操作 |
| ② | 单片机的 RAM 控制程序控制数据存储器 6264 的操作地址，从单片机向数据存储器 6264 的地址总线 $A_{12} \sim A_0$ 引脚发送地址，进一步控制数据存储器 6264 的读和写的操作地址 |
| ③ | 单片机的 RAM 控制程序控制数据存储器 6264 的数据内容，单片机和数据存储器 6264 之间的数据总线 $D_7 \sim D_0$ 引脚双向传递数据。进行写操作时，单片机向数据存储器 6264 写数据；进行读操作时，单片机从数据存储器 6264 读取数据 |

## 7.4　项目详细设计

### 7.4.1　硬件电路的详细设计

根据数字电压计系统项目的存储器扩展部分的硬件电路的概要设计，其详细设计图如图 7-7 所示，其详细设计图的说明如表 7-8 所示。

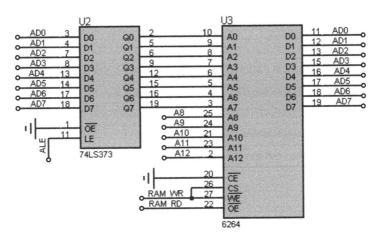

图 7-7　数字电压计系统项目的存储器扩展部分的硬件电路的详细设计图

表 7-8　数字电压计系统项目的存储器扩展部分的硬件电路的详细设计图的说明

| 总线类别 | 网络标签 | 单片机接口 | 说　明 |
| --- | --- | --- | --- |
| 地址总线 | AD0～AD7<br>A8～A12 | P0.0～P0.7<br>P2.0～P2.4 | 数据存储器 6264 的地址总线共有 13 根，寻址范围是 0x0000～0x1FFF |
| 数据总线 | AD0～AD7 | P0.0～P0.7 | 数据存储器 6264 的数据总线共有 8 根，通过 74LS373 地址锁存器完成地址和数据的分离 |
| 控制总线 | RAM_WR<br>RAM_RD | P3.6<br>P3.7 | 控制数据存储器 6264 的访问方向：读数据还是写数据 |

## 7.4.2　软件程序的详细设计

根据数字电压计系统项目的存储器扩展部分的软件概要设计，软件部分的详细设计主要是：读取数据和写入数据的处理。具体的软件处理流程图如图 7-8 所示。

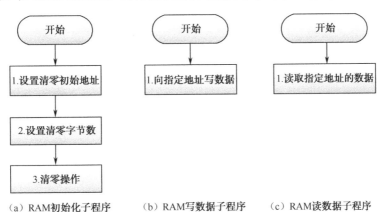

（a）RAM 初始化子程序　　（b）RAM 写数据子程序　　（c）RAM 读数据子程序

图 7-8　数字电压计系统项目的存储器扩展部分的软件处理流程图

表 7-9 数字电压计系统项目的存储器扩展部分的软件处理流程说明

| 子 程 序 | 序 号 | 说 明 |
|---|---|---|
| 初始化子程序 | 1 | 设置清零初始地址为 0x2000，从这个地址开始清零，为保存数据准备 |
| | 2 | 设置清零字节数为 100，从 0x2000 地址开始的 100 个字节，全部清零 |
| | 3 | 将 0x2000～0x2063 地址范围的 100 个字节全部清零 |
| 写数据子程序 | 1 | 向外部数据存储器的指定地址写入数据 |
| 读数据子程序 | 1 | 从外部数据存储器的指定地址读取数据 |

## 7.5 项目实施

### 7.5.1 硬件电路的实施

新建"项目七"电路设计，添加项目所需要的元器件，具体如表 7-10 所示。

表 7-10 项目七所使用的元器件清单

| 序 号 | 库参考名称 | 库 | 描 述 |
|---|---|---|---|
| 1 | AT89C51 | MCS8051 | 8051 Microcontroller |
| 2 | 74LS373 | 74LS | Octal D-Type Transparent latchs with 3-state outputs |
| 3 | 6264 | MEMORY | 64K(8K×8) static RAM |

脉冲发生器的硬件电路原理图如图 7-9 所示。

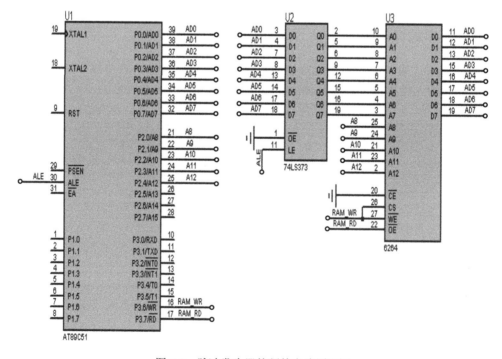

图 7-9 脉冲发生器的硬件电路原理图

## 7.5.2 软件程序的实施

交通灯控制器项目的软件实施的具体步骤如下。

**1. 第一步——新建项目工程文件夹,新建项目工程**

为本项目新建一个文件夹,名称为"项目七",用于保存项目所有文件。并建立"项目七"工程文件。

**2. 第二步——新建 RAM 子程序源文件"6264.c"**

```c
#include<absacc.h>
#define START_ADDR 0x2000
#define DATA_LENGTH 100

//RAM 初始化子函数
void RAM_Init()
{
    int i;
    int addr=START_ADDR;        //1.设置清零起始地址
    int len=DATA_LENGTH;        //2.设置清零字节数
    for(i=0;i<len;i++)          //3.清零
        XBYTE[addr++]=0x00;
}
//RAM 写数据子函数
void RAM_WRITE_DATA(int addr,char w_data)
{
    XBYTE[addr]=w_data;
}
//RAM 读数据子函数
void RAM_READ_DATA(int addr,char r_data)
{
    r_data=XBYTE[addr];
}
```

**3. 第三步——新建主程序源文件"main.c",并包含"6264.c"子程序文件**

```c
#include <reg51.h>
#include "6264.c"                 ←包含"6264.c" RAM 子程序文件
void main()
{
    RAM_Init();
}
```

# 7.6 项目仿真与调试

## 7.6.1 项目仿真

有关交通灯控制器项目的仿真运行结果如图 7-10 所示。

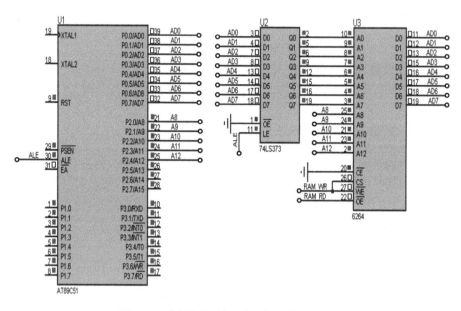

图 7-10　交通灯控制器项目的仿真运行结果

### 7.6.2　项目调试

在 keil 软件中，通过“视图”菜单选择“存储器窗口”中的“Memory 1”，可以查看 RAM 初始化结果，如图 7-11 所示。

```
Memory 1
地址: x:0x2000
X:0x002000: 00 00 00 00 00 00 00 00 00 00 00 00 00 00 00 00 00 00 00 00 00 00 00 00 00 00
X:0x002023: 00 00 00 00 00 00 00 00 00 00 00 00 00 00 00 00 00 00 00 00 00 00 00 00 00 00
X:0x002046: 00 00 00 00 00 00 00 00 00 00 00 00 00 00 00 00 00 00 00 00 00 00 00 00 00 00
X:0x002069: 00 00 00 00 00 00 00 00 00 00 00 00 00 00 00 00 00 00 00 00 00 00 00 00 00 00
X:0x00208C: 00 00 00 00 00 00 00 00 00 00 00 00 00 00 00 00 00 00 00 00 00 00 00 00 00 00
X:0x0020AF: 00 00 00 00 00 00 00 00 00 00 00 00 00 00 00 00 00 00 00 00 00 00 00 00 00 00
X:0x0020D2: 00 00 00 00 00 00 00 00 00 00 00 00 00 00 00 00 00 00 00 00 00 00 00 00 00 00
X:0x0020F5: 00 00 00 00 00 00 00 00 00 00 00 00 00 00 00 00 00 00 00 00 00 00 00 00 00 00
```

图 7-11　外部数据存储器的初始化结果

## 7.7　项目小结

根据项目实施的结果，可以看出，已经实现项目的硬件要求和软件要求，实现了单片机存储器的扩展。通过这个项目，需要掌握以下有关单片机存储器扩展的知识。

**1．存储器的扩展方法**

单片机系统通常采用总线扩展法扩展存储器。

（1）扩展地址总线：P0 口作为地址总线的低 8 位地址；P2 口作为地址总线的高位地址。

（2）扩展数据总线：需要使用 P0 端口。

（3）扩展控制总线：需要单片机提供一些控制信号线。

① ALE 引脚：作地址锁存的选通信号，以实现低 8 位地址的锁存；
② $\overline{\text{PSEN}}$ 引脚：作扩展程序存储器的读选通信号；
③ $\overline{\text{EA}}$ 引脚：作为内外程序存储器的选择信号；
④ $\overline{\text{RD}}$ 和 $\overline{\text{WR}}$ 引脚：作为扩展数据存储器和 I/O 端口的读写选通信号。

**2．程序存储器的扩展**

（1）地址总线：存储器的地址总线和单片机的地址总线连接（P0 和 P2 端口）。
（2）数据总线：存储器的数据总线和单片机的数据总线连接（P0 端口）。
（3）控制总线：存储器的控制总线和单片机的控制总线连接（$\overline{\text{PSEN}}$ 引脚）。

**3．数据存储器的扩展**

（1）地址总线：存储器的地址总线和单片机的地址总线连接（P0 和 P2 端口）。
（2）数据总线：存储器的数据总线和单片机的数据总线连接（P0 端口）。
（3）控制总线：存储器的控制总线和单片机的控制总线连接（$\overline{\text{RD}}$ 和 $\overline{\text{WR}}$ 引脚）。

## 7.8 项目拓展

C51 提供了三种访问绝对地址的方法。

**1．绝对宏**

在程序中，用"＃include<absacc.h>"，即可使用其中定义的宏来访问绝对地址，包括：CBYTE、XBYTE、PWORD、DBYTE、CWORD、XWORD、PBYTE、DWORD

具体使用如下。

```
/*--------------------------------------------------------------
ABSACC.H
Direct access to 8051,extended 8051 and Philips 80C51MX memory areas.
Copyright (c) 1988-2002 Keil Elektronik GmbH and Keil Software, Inc.
All rights reserved.
--------------------------------------------------------------*/
#ifndef __ABSACC_H__
#define __ABSACC_H__
#define CBYTE ((unsigned char volatile code  *) 0)
#define DBYTE ((unsigned char volatile data  *) 0)
#define PBYTE ((unsigned char volatile pdata *) 0)
#define XBYTE ((unsigned char volatile xdata *) 0)
#define CWORD ((unsigned int volatile code  *) 0)
#define DWORD ((unsigned int volatile data  *) 0)
#define PWORD ((unsigned int volatile pdata *) 0)
#define XWORD ((unsigned int volatile xdata *) 0)
...
```

【例 7-1】 使用绝对宏访问程序存储器的 0x0002 地址和片外 RAM 的 0x0002 地址。

```
rval=CBYTE[0x0002];        //指向程序存储器的 0x0002 地址
rval=XWORD [0x0002];       //指向片外 RAM 的 0x0002 地址
```

**2．_at_ 关键字**

直接在数据定义后加上 _at_ const 即可，但是注意：

① 绝对变量不能被初使化；
② bit 型函数及变量不能用_at_指定。

**【例 7-2】** 说明下列_at_关键字的用处。

```
idata struct link list _at_ 0x40;        //指定 list 结构从 40h 开始
xdata char text[25b] _at_ 0xE000;        //指定 text 数组从 0E000H 开始
```

**提示**：如果外部绝对变量是 I/O 端口等可自行变化数据，需要使用 volatile 关键字进行描述，请参考 absacc.h。

3．连接定位控制

此法是利用连接控制指令 code、xdata、pdata、data、bdata 对"段"地址进行控制，如要指定某具体变量地址，则很有局限性，不作详细讨论。

XBYTE 是一个地址指针（可当成一个数组名或数组的首地址），它在文件 absacc.h 中由系统定义，指向外部 RAM（包括 I/O 口）的 0000H 单元，XBYTE 后面的中括号[ ]0x2000 是指数组首地址 0000H 的偏移地址，即用 XBYTE[0x2000]可访问偏移地址为 0x2000 的 I/O 端口。

这个主要是在用 C51 的 P0，P2 口做外部扩展时使用，其中 XBYTE [0x0002]，P2 口对应于地址高位，P0 口对应于地址低位。一般 P2 口用于控制信号，P0 口作为数据通道。

例如，P2.7 接 WR 引脚，P2.6 接 RD 引脚，P2.5 接 CS 引脚，那么就可以确定外部 RAM 的一个地址，想往外部 RAM 的一个地址写一个字节时，地址可以定为 XBYTE [0x4000]，其中 WR、CS 引脚为低电平，RD 引脚为高电平，也就是高位的 4，当然其余的可以根据情况自己定，然后通过下列赋值语句，就可以把 57 写到外部 RAM 的 0x4000 处了，此地址对应一个字节：

XBYTE [0x4000] = 57

# 7.9 理论训练

1．填空题

（1）半导体存储器中有一类在掉电后不会丢失数据，称为_____，有一类掉电后会丢失数据，称为_____。

（2）51 系列单片机扩展数据存储器最大寻址范围为_____。

（3）当扩展外部存储器或 I/O 口时，P2 口作为_____。

（4）AT89C51 单片机的存储器可以分为三个不同的存储空间，分别是_____、_____和_____。

（5）为扩展存储器而构造系统总线，应以 P0 口的 8 位口线作为_____线，以 P2 口的_____口线作为_____线。

2．简答题

（1）AT89C51 单片机如何访问外部 ROM 及外部 RAM？

（2）当单片机应用系统中数据存储器 RAM 地址和程序存储器 EPROM 地址重叠时，是否会发生数据冲突，为什么？

（3）AT89C51 单片机要扩展 4KB 外部 RAM，要求地址为 1000H～1FFFH，请画出完整的电路图。

（4）已知并行扩展 2 片 4KB×8 存储器芯片，用线选法 P2.6、P2.7 分别对其片选，试画出连接电路。无关地址位取"1"时，指出 2 片存储器芯片的地址范围。

（5）试用芯片 2764、6116 为 AT89C51 单片机设计一个存储器系统，它具有 8KB EPROM（地址由 0000H～1FFFH）和 2KB 的 RAM 存储器（地址为 2000H～27FFH）。具体要求：画出该存储器系统的硬件连接图。

# 项目八

# 显示接口扩展的设计与制作

**知识目标**

1. 了解常用显示设备的种类
2. 掌握液晶显示器的原理
3. 掌握单片机和液晶显示器的硬件连接方法
4. 掌握单片机对液晶显示器的访问控制方法

**能力目标**

1. 能够举例说明身边的显示设备
2. 能够正确进行单片机和液晶显示器的硬件连接
3. 能够正确进行单片机对液晶显示器的访问控制

## 8.1 项目要求与分析

### 8.1.1 项目要求

在数字电压计项目中,已经扩展了存储器,现在需要单片机连接扩展LCD1602。
(1)单片机和LCD1602连接。
(2)LCD 1602能在指定位置显示指定字符。
(3)能够显示当前指定器件的电压,以及设置的最大电压阈值。

### 8.1.2 项目要求分析

根据项目要求的内容,需要满足以下要求,才可以完成项目的设计。
(1)硬件功能要求:系统由单片机、数据存储器和液晶显示器组成,完成单片机和液晶显示器的连接。
(2)软件功能要求:完成液晶显示器的显示控制功能。
单片机常用的显示接口设备有LED灯、数码管和液晶显示器。
发光二极管(Light Emitting Diode,LED)是一种能够将电能转化为可见光的固态半导体器件,它可以直接把电转化为光。LED 的心脏是一个半导体的晶片,晶片的一端附在一个支架上，一端是负极，另一端连接电源的正极，使整个晶片被环氧树脂封装起来。

数码管是一种半导体发光器件，其基本单元是发光二极管。数码管按段数可分为七段数码管和八段数码管，八段数码管比七段数码管多一个发光二极管单元（多一个小数点显示）。按发光二极管单元连接方式可分为共阳极数码管和共阴极数码管。共阳数码管是指将所有发光二极管的阳极接到一起形成公共阳极（COM）的数码管，共阳数码管在应用时应将公共极COM接到+5V，当某一字段发光二极管的阴极为低电平时，相应字段就点亮，当某一字段的阴极为高电平时，相应字段就不亮。共阴数码管是指将所有发光二极管的阴极接到一起形成公共阴极（COM）的数码管，共阴数码管在应用时应将公共极COM接到地线GND上，当某一字段发光二极管的阳极为高电平时，相应字段就点亮，当某一字段的阳极为低电平时，相应字段就不亮。

液晶显示器（LCD）具有功耗低、体积小、重量轻、超薄等许多其他显示器无法比拟的优点，近几年来被广泛用于单片机控制的智能仪器、仪表和低功耗电子产品中。液晶显示器可分为段位式液晶显示器、字符式液晶显示器和点阵式液晶显示器。其中，段位式液晶显示器和字符式液晶显示器只能用于字符和数字的简单显示，不能满足图形曲线和汉字显示的要求；而点阵式液晶显示器不仅可以显示字符、数字，还可以显示各种图形、曲线及汉字，并且可以实现屏幕上下左右滚动，动画功能，分区开窗口，反转，闪烁等功能，用途十分广泛。

为了实现上述功能要求，应该掌握以下知识：
① 显示接口的扩展方法；
② 单片机和液晶显示器的硬件连接；
③ 单片机对液晶显示器的读写访问控制。
为了实现上述功能要求，应该具备以下能力：
① 能够使用 Proteus 软件的实现硬件功能要求；
② 能够使用 Keil 软件的实现软件功能要求：完成对液晶显示器的显示控制；
③ 能够使用 Keil 软件和 Proteus 软件的联调开发环境完成整个项目设计，实现要求。

## 8.2 项目理论知识

### 8.2.1 显示接口的扩展方法

单片机系统扩展外部 I/O 设备时，常用的方法如图 8-1 所示。

（1）总线扩展方法：将要扩展的外部 I/O 设备统统挂到单片机总线上，利用单片机的读写外部 RAM 功能，使其统一按类似读写外部 RAM 功能的指令方法进行操作。

除电源引脚、时钟引脚和 P1 端口之外，单片机可以扩展三总线接口。但是，在扩展外围器件比较多的时候，采用这种方法接线会比较复杂，系统可靠性会降低。

（2）非总线扩展方法：将要扩展的外部 I/O 设备不挂到单片机总线上，不利用单片机的读写外部 RAM 功能，而直接连利用 I/O 端口读写方式进行外部设备的读写。

非总线扩展方法非常适用于大量外围器件扩展的应用。

根据图 8-1 所示，对于显示接口的扩展，采用非总线扩展方法：
① 将显示接口器件的引脚进行分类（控制类引脚、数据类引脚和地址类引脚）；

② 和 AT89C51 单片机的 4 个 I/O 端口进行连接，完成状态命令、数据和地址信号的控制。

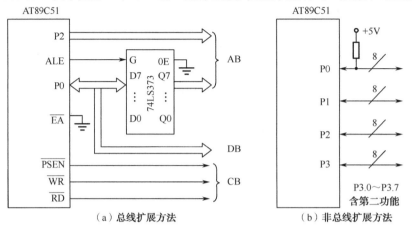

图 8-1 单片机系统的扩展模式

## 8.2.2 数码管

数码管是由发光二极管显示字段的显示器件。在微机应用系统中通常使用的是八段 LED。这种显示块有共阴极与共阳极两种，如图 8-2 所示。

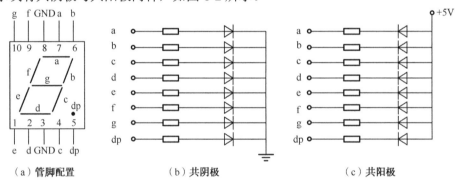

图 8-2 数码管的结构和分类

数码管由 8 个发光二极管（以下简称字段）构成，通过不同的组合可用来显示数字 0~9、字符 A~F、H、L、P、R、U、Y、符号"-"及小数点"."。

数码管又分为共阴极和共阳极两种结构。

（1）共阴极数码管的 8 个发光二极管的阴极（二极管负端）连接在一起。通常，公共阴极接低电平（一般接地），其他管脚接段驱动电路输出端。当某段驱动电路的输出端为高电平时，则该端所连接的字段导通并点亮，根据发光字段的不同组合可显示出各种数字或字符。

（2）共阳极数码管的 8 个发光二极管的阳极（二极管正端）连接在一起。通常，公共阳极接高电平（一般接电源），其他管脚接段驱动电路输出端。当某段驱动电路的输出端为低电平时，则该端所连接的字段导通并点亮。

根据上述数码管的说明，引脚可以分为：

① 公共端引脚：恒定接地（共阴极）或接正电源（共阳极）；

② 字段数据引脚：控制 8 个字段的亮灭状态。

要使数码管显示出相应的数字或字符,必须使字段数据口输出相应的字形编码。字形码各位定义为:数据线 D0 与 a 字段对应,D1 与 b 字段对应……,依此类推。

| D7 | D6 | D5 | D4 | D3 | D2 | D1 | D0 |
|---|---|---|---|---|---|---|---|
| dp | g | f | e | d | c | b | a |

如使用共阳极数码管,数据为 0 表示对应字段亮,数据为 1 表示对应字段暗;如使用共阴极数码管,数据为 0 表示对应字段暗,数据为 1 表示对应字段亮。如要显示"0",共阳极数码管的字形编码应为:11000000B(即 C0H);共阴极数码管的字形编码应为:00111111B(即 3FH)。依此类推。数码管字形编码如表 8-1 所示。

表 8-1 数码管字形编码

| 显示字符 | 共阴极段选码 | 共阳极段选码 | 显示字符 | 共阴极段选码 | 共阳极段选码 |
|---|---|---|---|---|---|
| 0 | 3FH | C0H | B | 7CH | 83H |
| 1 | 06H | F9H | C | 39H | C6H |
| 2 | 5BH | A4H | D | 5EH | A1H |
| 3 | 4FH | B0H | E | 79H | 86H |
| 4 | 66H | 99H | F | 71H | 84H |
| 5 | 6DH | 92H | P | 73H | 82H |
| 6 | 7DH | 82H | U | 3EH | C1H |
| 7 | 07H | F8H | r | 31H | CEH |
| 8 | 7FH | 80H | y | 6EH | 91H |
| 9 | 6FH | 90H | 8. | FFH | 00H |
| A | 77H | 88H | "灭" | 00H | FFH |

根据数码管的驱动方式的不同,可以分为静态驱动和动态驱动两类。

(1)静态显示是指数码管显示某一字符时,相应的发光二极管恒定导通或恒定截止。这种显示方式的各位数码管相互独立,公共端恒定接地(共阴极)或接正电源(共阳极)。每个数码管的 8 个字段分别与一个 8 位 I/O 口地址相连,I/O 口只要有段码输出,相应字符即显示出来,并保持不变,直到 I/O 口输出新的段码。采用静态显示方式,较小的电流即可获得较高的亮度,且占用 CPU 时间少,编程简单,显示便于监测和控制,但其占用的口线多,硬件电路复杂,成本高,只适合于显示位数较少的场合。数码管的静态驱动方式如图 8-3 所示。

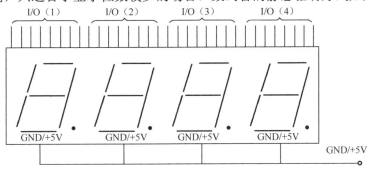

图 8-3 数码管的静态驱动方式

（2）动态显示是一位一位地轮流点亮各位数码管，这种逐位点亮显示器的方式称为位扫描。通常，各位数码管的段选线相应并联在一起，由一个 8 位的 I/O 口控制；各位的位选线（公共阴极或阳极）由另外的 I/O 口线控制。动态方式显示时，各数码管分时轮流选通，要使其稳定显示，必须采用扫描方式，即在某一时刻只选通一位数码管，并送出相应的段码，在另一时刻选通另一位数码管，并送出相应的段码。依此规律循环，即可使各位数码管显示将要显示的字符。数码管的动态驱动方式如图 8-4 所示。

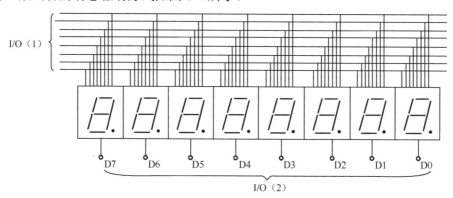

图 8-4　数码管的动态驱动方式

虽然这些字符是在不同的时刻分别显示，但由于人眼存在视觉暂留效应，只要每位显示间隔足够短就可以给人以同时显示的感觉。

采用动态显示方式比较节省 I/O 口，硬件电路也较静态显示方式简单，但其亮度不如静态显示方式，而且在显示位数较多时，CPU 要依次扫描，占用 CPU 较多的时间。

### 8.2.3　LCD1602

#### 1．LCD1602 的硬件结构

字符型液晶显示模块是一种专门用于显示字母、数字、符号等点阵式（LCD），目前常用 16×1、16×2、20×2 和 40×2 等模块。下面以常用的 LCD1602 字符型液晶显示器为例，介绍其用法。一般 LCD1602 的硬件结构如图 8-5 所示。

LCD1602 分为带背光和不带背光两种，其控制器大部分为 HD44780，带背光的比不带背光的厚，是否带背光在应用中并无差别，两者尺寸差别如图 8-5 所示。

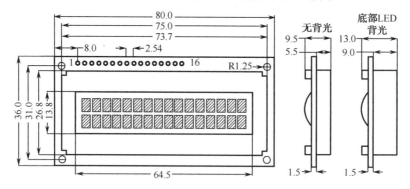

图 8-5　LCD1602 的硬件结构

LCD1602 主要技术参数：
显示容量：16×2 个字符；　　　　　　　字符尺寸：2.95×4.35(W×H)mm；
芯片工作电压：4.5～5.5V；　　　　　　　工作电流：2.0mA(5.0V)。
LCD1602 里的存储器有 3 种：CGROM、CGRAM、DDRAM。
（1）CGROM 保存了厂家生产时固化在 LCM 中的点阵型显示数据。
（2）CGRAM 是留给用户自己定义点阵型显示数据的。
（3）DDRAM 则是和显示屏的内容对应的。LCD1602 内部的 DDRAM 有 80B，而显示屏上只有 2 行×16 列，共 32 个字符，所以两者不完全一一对应。默认情况下，显示屏上第一行的内容对应 DDRAM 中 80H～8FH 的内容，第二行的内容对应 DDRAM 中 C0H～CFH 的内容。DDRAM 中 90H～A7H、D0H～E7H 的内容是不显示在显示屏上的，但是在滚动屏幕的情况下，这些内容就可能被滚动显示出来了。

**2．单片机和 LCD1602 的硬件连接**

LCD1602 采用标准的 14 脚（无背光）或 16 脚（带背光）接口，LCD1602 的引脚说明如表 8-2 所示。

表 8-2　LCD1602 的引脚说明

| 编号 | 符号 | 引脚说明 | 编号 | 符号 | 引脚说明 |
| --- | --- | --- | --- | --- | --- |
| 1 | VSS | 电源地 | 9 | D2 | 数据 |
| 2 | VDD | 电源正极 | 10 | D3 | 数据 |
| 3 | VL | 液晶显示偏压 | 11 | D4 | 数据 |
| 4 | RS | 数据/命令选择 | 12 | D5 | 数据 |
| 5 | R/W | 读/写选择 | 13 | D6 | 数据 |
| 6 | E | 使能信号 | 14 | D7 | 数据 |
| 7 | D0 | 数据 | 15 | BLA | 背光源正极 |
| 8 | D1 | 数据 | 16 | BLK | 背光源负极 |

1）将液晶显示器的引脚进行分类
（1）电源引脚：VSS 为地电源、VDD 接+5V 电源。
（2）控制类引脚：RS 为寄存器选择。高电平时选择数据寄存器、低电平时选择指令寄存器；
R/W 为读写信号线，高电平时进行读操作，低电平时进行写操作；
E 端为使能端，当 E 端由高电平跳变成低电平时，液晶模块执行命令。
（3）数据类引脚：D0～D7 为 8 位双向数据线。
2）和单片机进行连接
由于采用非总线模式扩展方式，因此 P0、P1、P2、P3 均作为通用 I/O 口使用，都可以和 LCD1602 进行连接。
例如，数据类引脚 D0～D7 和单片机的 P1 端口连接，控制类引脚 RS、R/W 和 E 和单片机的 P2.0、P2.1 和 P2.2 连接。
**注意**：如果要和单片机的 P0 端口连接，作为输出，需要外接上拉电阻。

## 3. 单片机对 LCD1602 的访问控制

### 1) 基本操作

单片机对 LCD1602 的访问控制主要有以下四种基本操作，具体如表 8-3 所示。

表 8-3　LCD1602 基本操作时序表

| 基本操作 | 控制引脚 | | | 数据引脚 | 说　明 |
|---|---|---|---|---|---|
| | RS | R/W | E | D7～D0 | |
| 读状态 | L | H | H | 状态字（输出） | 读指令寄存器 |
| 写指令 | L | L | 正脉冲 | 指令码（输入） | 写指令寄存器 |
| 读数据 | H | H | H | 数据（输出） | 读数据寄存器 |
| 写数据 | H | L | 正脉冲 | 数据（输入） | 写数据寄存器 |

其中，有关读数据和写数据的操作时序图如图 8-6、图 8-7 所示。

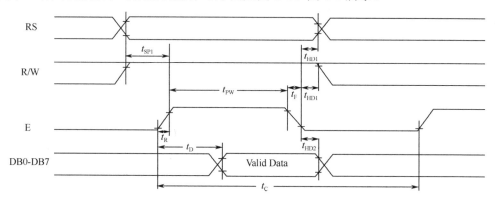

图 8-6　读数据的操作时序图

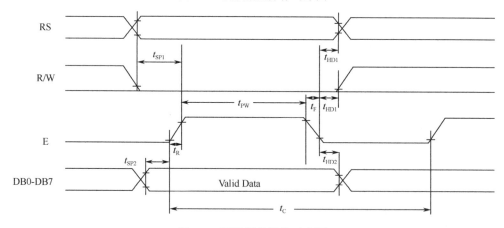

图 8-7　写数据的操作时序图

### 2) 控制指令

液晶显示模块是一个慢显示器件，所以在执行每条指令之前一定要确认模块的忙标志为低电平，表示不忙，否则此指令失效。

LCD1602 液晶模块内部的控制器共有 11 条控制指令，如表 8-4 所示。

表 8-4　LCD1602 液晶模块的控制指令

| 序　号 | 指　令　功　能 | 指　令　编　码 | | | | | | | | | |
|---|---|---|---|---|---|---|---|---|---|---|---|
| | | RS | R/W | DB7 | DB6 | DB5 | DB4 | DB3 | DB2 | DB1 | DB0 |
| 1 | 清屏 | 0 | 0 | 0 | 0 | 0 | 0 | 0 | 0 | 0 | 1 |
| 2 | 光标归位 | 0 | 0 | 0 | 0 | 0 | 0 | 0 | 0 | 1 | X |
| 3 | 进入模式设置 | 0 | 0 | 0 | 0 | 0 | 0 | 0 | 1 | I/D | S |
| 4 | 显示开关控制 | 0 | 0 | 0 | 0 | 0 | 0 | 1 | D | C | B |
| 5 | 字符/光标移位 | 0 | 0 | 0 | 0 | 0 | 1 | S/C | R/L | X | X |
| 6 | 功能设定 | 0 | 0 | 0 | 0 | 1 | DL | N | F | X | X |
| 7 | 设定 CGRAM 地址 | 0 | 0 | 0 | 1 | CGRAM 的地址（6 位） | | | | | |
| 8 | 设定 DDRAM 地址 | 0 | 0 | 1 | DDRAM 的地址（7 位） | | | | | | |
| 9 | 读取忙信号或 AC 地址 | 0 | 1 | BF | AC 地址（7 位） | | | | | | |
| 10 | 数据写入 DDRAM 或 CGRAM | 1 | 0 | 要写入的数据 D7~D0 | | | | | | | |
| 11 | 从 CGRAM 或 DDRAM 读出数据 | 1 | 1 | 要读出的数据 D7~D0 | | | | | | | |

（1）清屏指令。

① 清除液晶显示器，即将 DDRAM 的内容全部填入"空白"的 ASCII 码 20H；

② 光标归位，即将光标撤回液晶显示屏的左上方；

③ 将地址计数器（AC）的值设为 0。

（2）光标归位指令。

① 把光标撤回到显示器的左上方；

② 把地址计数器(AC)的值设置为 0；

③ 保持 DDRAM 的内容不变。

（3）进入模式设置指令。

设定每次写入 1 位数据后光标的移位方向，并且设定每次写入的字符是否移动。

① I/D：0——写入新数据后光标左移，1——写入新数据后光标右移；

② S：0——写入新数据后显示屏不移动，1——写入新数据后显示屏整体右移 1 个字符。

（4）显示开关控制指令。

控制显示器开/关、光标显示/关闭以及光标是否闪烁。

① D：0——显示功能关，1——显示功能开；

② C：0——无光标，1——有光标；

③ B：0——光标闪烁，1——光标不闪烁。

（5）设定显示屏或光标移动方向指令。

使光标移位或使整个显示屏幕移位。参数设定的情况如表 8-5 所示。

表 8-5　参数设定的情况

| S/C | R/L | 设　定　情　况 |
|---|---|---|
| 0 | 0 | 光标左移 1 格，且 AC 值减 1 |
| 0 | 1 | 光标右移 1 格，且 AC 值加 1 |
| 1 | 0 | 显示器上字符全部左移一格，但光标不动 |
| 1 | 1 | 显示器上字符全部右移一格，但光标不动 |

（6）功能设定指令。
设定数据总线位数、显示的行数及字形。
① DL：0——数据总线为 4 位，1——数据总线为 8 位；
② N：0——显示 1 行，1——显示 2 行；
③ F：0——5×7 点阵/每字符，1——5×10 点阵/每字符。
（7）设定 CGRAM 地址指令。
设定下一个要存入数据的 CGRAM 的地址。
（8）设定 DDRAM 地址指令。
设定下一个要存入数据的 DDRAM 的地址。
（9）读取忙信号或 AC 地址指令。
① 读取忙碌信号 BF 的内容，BF=1 表示液晶显示器忙，暂时无法接收单片机送来的数据或指令；当 BF=0 时，液晶显示器可以接收单片机送来的数据或指令；
② 读取地址计数器（AC）的内容。
（10）数据写入 DDRAM 或 CGRAM 指令。
① 将字符码写入 DDRAM，以使液晶显示屏显示出相对应的字符；
② 将使用者自己设计的图形存入 CGRAM。
（11）从 CGRAM 或 DDRAM 读出数据的指令。
读取 DDRAM 或 CGRAM 中的内容。
3）LCD1602 的 RAM 地址映射
要显示字符时要先输入显示字符地址，也就是告诉模块在哪里显示字符，LCD1602 内部显示地址如图 8-8 所示。

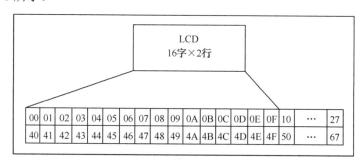

图 8-8　LCD1602 内部显示地址

例如，第二行第一个字符的地址是 40H，因为写入显示地址时要求最高位 D7 恒定为高电平 1，所以实际写入的数据应该是 01000000B（40H）+10000000B(80H)=11000000B(C0H)。
4）LCD1602 的一般初始化（复位）过程
写指令 38H：显示模式设置；
延时 1ms；
写指令 01H：显示清屏；
延时 1ms；
写指令 06H：显示光标移动设置；
延时 1ms；

写指令 0CH：显示开及光标设置；
算时 1ms。

## 8.3 项目概要设计

### 8.3.1 数字电压计系统的显示接口扩展概要设计

数字电压计系统项目的显示接口扩展部分的设计框图如图 8-9 所示。

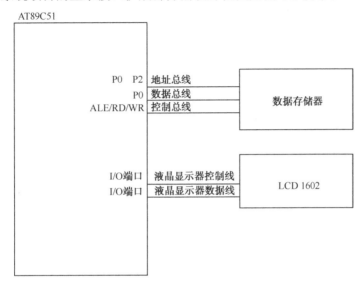

图 8-9 数字电压计系统项目的显示接口扩展部分的设计框图

从图 8-9 中可以看出，数字电压计系统项目除了扩展的程序存储器，还需要外接液晶显示部分，通过液晶显示器的控制线/数据线与单片机的 I/O 端口进行连接。

项目的主要设计内容如下。
（1）进行硬件电路设计时，需要考虑液晶显示器和单片机连接的 I/O 端口。
（2）进行软件设计时，需要考虑如何控制液晶显示器，包括初始化和写数据。

### 8.3.2 硬件电路的概要设计

根据液晶 LCD1602 的硬件端口的说明，硬件电路设计以下内容。

#### 1．LCD 控制线部分

LCD1602 的控制线有以下 3 个引脚，具体设计内容如下。

（1）RS：寄存器选择引脚，RS 端为高电平时选择数据寄存器，RS 端为低电平时选择指令寄存器。此引脚需要连接到单片机的 I/O 端口，通过控制 RS 端的高低电平来正确选择寄存器。

（2）R/W：读/写选择引脚，R/W 端为高电平时进行读操作，R/W 端为低电平时进行写操作。此引脚需要连接到单片机的 I/O 端口，通过控制 R/W 端的高低电平来正确进行读/写操作。

（3）E：使能引脚，E 端由高电平跳变成低电平时，液晶显示器执行命令。此引脚需要连接到单片机的 I/O 端口，通过控制 E 端的高低电平变换来完成高电平跳变成低电平。

### 2. LCD 数据线部分

LCD1602 数据线 D0~D7 为 8 位双向数据线，其内容为指令、状态和数据，需要连接到单片机的 I/O 端口，用于完成单片机和液晶显示器之间的指令、状态和数据的传送。

数字电压计系统项目的显示接口扩展部分的概要设计图如图 8-10 所示。

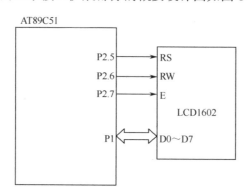

图 8-10　数字电压计系统项目的显示接口扩展部分的概要设计图

### 8.3.3 软件程序的概要设计

有关数字电压计系统项目的显示接口扩展部分的软件设计的核心：如何控制液晶显示器

数字电压计系统项目的显示接口扩展部分的软件控制流向图如图 8-11 所示，其说明 8-6 所示。

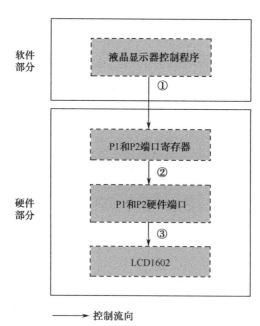

图 8-11　数字电压计系统项目的显示接口扩展部分的软件控制流向图

表 8-6　数字电压计系统项目的显示接口扩展部分的软件控制流向图的说明

| 序　号 | 说　　明 |
| --- | --- |
| ① | 液晶显示器控制程序通过控制 P1 和 P2 端口寄存器，设置液晶显示器控制线状态和数据线内容 |
| ② | P1 和 P2 端口寄存器的值影响 P1 和 P2 相关硬件端口 |
| ③ | 通过 P1 和 P2 硬件端口控制液晶显示器的控制线和数据线，完成液晶显示器控制 |

通过表 8-5 控制流向的分析，软件设计的重点是：对液晶显示器控制线和数据线的控制。液晶显示器的控制应该包括初始化、写数据和写命令、读数据和读命令操作。

## 8.4　项目详细设计

### 8.4.1　硬件电路的详细设计

数字电压计系统项目的显示接口扩展部分的硬件电路的详细设计图如图 8-12 所示，其说明如表 8-7 所示。

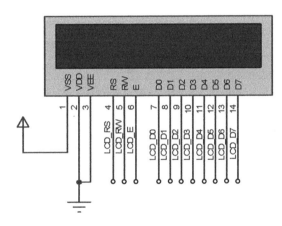

图 8-12　数字电压计系统项目的显示接口扩展部分的硬件电路的详细设计图

表 8-7　数字电压计系统项目的显示接口扩展部分的硬件电路的详细设计图的说明

| 引脚序号 | 引脚名称 | 网络标签 | 单片机端口 | 说　　明 |
| --- | --- | --- | --- | --- |
| 4 | RS（寄存器选择端口） | LCD_RS | P2.5 | RS 为高电平，选择数据寄存器<br>RS 为低电平，选择指令寄存器 |
| 5 | RW（读写选择端口） | LCD_RW | P2.6 | RW 为高电平，进行读操作<br>RW 为低电平，进行写操作 |
| 6 | E（使能端口） | LCD_E | P2.7 | E 端由高电平跳变成低电平，LCD 执行命令 |
| 7~14 | D0~D7 | LCD_D0~LCD_D7 | P1.0~P1.7 | 双向数据线，内容为命令、地址和数据 |

### 8.4.2　软件程序的详细设计

根据数字电压计系统项目的显示接口扩展部分的软件概要设计，液晶显示器软件部分的设计主要是：液晶显示器初始化、液晶显示器写命令和液晶显示器写数据。

### 1. 液晶显示器初始化子程序的处理流程图

液晶显示器初始化子程序的处理流程图如图 8-13 所示，其说明如表 8-8 所示。

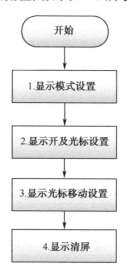

图 8-13　液晶显示器初始化子程序的处理流程图

表 8-8　液晶显示器初始化子程序的处理流程图的说明

| 序　号 | 说　　明 |
| --- | --- |
| 1 | 通过向液晶显示器写指令 0x38，进行显示模式设置：8 位数据线、双行显示、5×7 点阵字符 |
| 2 | 通过向液晶显示器写指令 0x0C，进行显示开及光标设置：开显示、无光标、不闪烁 |
| 3 | 通过向液晶显示器写指令 0x06，进行显示光标移动设置：光标右移、屏幕文字不移动 |
| 4 | 通过向液晶显示器写指令 0x01，进行显示清屏设置：光标复位到地址 0x00 位置 |

### 2. 液晶显示器写命令子程序的处理流程图

液晶显示器写命令子程序的处理流程图如图 8-14 所示，其说明如表 8-9 所示。

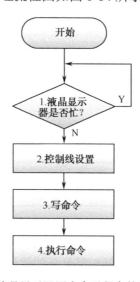

图 8-14　液晶显示器写命令子程序的处理流程图

表 8-9 液晶显示器写命令的处理流程图的说明

| 序 号 | 说 明 |
|---|---|
| 1 | 判断液晶显示器是否忙：如果液晶显示器忙，继续等待；否则，开始写命令操作 |
| 2 | 控制液晶显示器的控制总线：RS=0，选择指令寄存器；RW=0，选择写操作；E=0，不使能 |
| 3 | 写命令：将命令赋值给数据端口 |
| 4 | 执行命令：E=1，延时，E=0，当 E 端由高电平跳变成低电平，液晶显示器执行命令 |

### 3．液晶显示器写数据子程序的处理流程图

液晶显示器写数据子程序的处理流程图如图 8-15 所示，其说明如表 8-10 所示。

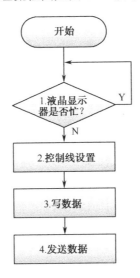

图 8-15　液晶显示器写数据子程序的处理流程图

表 8-10　液晶显示器写数据的处理流程图的说明

| 序 号 | 说 明 |
|---|---|
| 1 | 判断液晶显示器是否忙：如果液晶显示器忙，继续等待；否则，开始写命令操作 |
| 2 | 控制液晶显示器的控制总线：RS=1，选择数据寄存器；RW=0，选择写操作；E=0，不使能 |
| 3 | 写数据：将数据赋值给数据端口 |
| 4 | 发送数据：E=1，延时；E=0，当 E 端由高电平跳变成低电平，液晶显示器发送数据并显示 |

## 8.5　项目实施

### 8.5.1　硬件电路的实施

项目所需要添加的元器件清单如表 8-11 所示。

表 8-11  项目所需要添加的元器件清单

| 序 号 | 库参考名称 | 库 | 描 述 |
|---|---|---|---|
| 1 | LM016L | DISPLAY | 16×2 Alphanumeric LCD |

数字电压计系统项目的显示接口扩展部分的硬件电路原理图如图 8-16 所示。

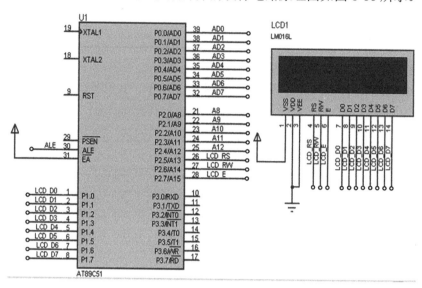

图 8-16  数字电压计系统项目的显示接口扩展部分的硬件电路原理图

### 8.5.2  软件程序的实施

数字电压计项目的显示扩展部分的软件实施步骤如下。

1. 第一步——打开项目工程
2. 第二步——新建液晶显示器子程序源文件并编辑

在编辑窗口中的 Text 文件自动保存为"LCD.c"源文件。

```c
#include <reg51.h>
#include <intrins.h>

sbit LCD_RS=P2^5;                  //RS 寄存器选择;高电平选数据;低电平选指令;
sbit LCD_RW=P2^6;                  //读写信号线;高电平读操作;低电平写操作;
sbit LCD_E =P2^7;                  //E 使能端

#define LCD_Data P1                //液晶数据 D7~D0
#define Busy     0x80              //用于检测 LCD 状态字中的 Busy 标志
#define delay4us() {_nop_();_nop_();_nop_();_nop_();}

unsigned char Line1[] = "Voltage:-.--V";
unsigned char Line2[] = "MAX:-.--V";
unsigned char Display_Buffer1[] = "0.00V";    //current voltage
unsigned char Display_Buffer2[] = "5.00V";    //Maxium voltage
char Current_Cursor_Pos=0x44;
char Next_Cursor_Pos=0x44;
```

```c
void DelayMS(unsigned int ms)
{
    unsigned char i;
    while(ms--)
        for(i=0;i<120;i++);
}

bit LCD_Busy_Check()
{
    bit result;
    LCD_RS = 0;
    LCD_RW = 1;
    LCD_E  = 1;
    delay4us();
    result = (bit)(LCD_Data&Busy);
    LCD_E  = 0;
    return result;
}
void LCD_Write_Command(unsigned char cmd)
{
    while(LCD_Busy_Check());
    LCD_RS = 0;
    LCD_RW = 0;
    LCD_E  = 0;
    _nop_();
    _nop_();
    LCD_Data = cmd;
    delay4us();
    LCD_E = 1;
    delay4us();
    LCD_E = 0;
}


void Set_Disp_Pos(unsigned char pos)
{
    LCD_Write_Command(pos | 0x80);
}

void LCD_Write_Data(unsigned char dat)
{
    while(LCD_Busy_Check());
    LCD_RS = 1;
    LCD_RW = 0;
    LCD_E  = 0;
    LCD_Data = dat;
    delay4us();
    LCD_E = 1;
    delay4us();
```

```c
    LCD_E = 0;
}
void LCD_Initialise()
{
    LCD_Write_Command(0x38); DelayMS(1);
    LCD_Write_Command(0x0c); DelayMS(1);
    LCD_Write_Command(0x06); DelayMS(1);
    LCD_Write_Command(0x01); DelayMS(1);
}


void LCD_Display()
{
    int i;
    //(1) 显示第一行：当前电压值
    Line1[8]=Display_Buffer1[0];
    Line1[10]=Display_Buffer1[2];
    Line1[11]=Display_Buffer1[3];

    Set_Disp_Pos(0x00);
    i = 0;
    while(Line1[i]!='\0')
    {
        LCD_Write_Data(Line1[i]);
        i=i+1;
    }

    //(2)显示第二行：电压最大值
    Line2[4]=Display_Buffer2[0];
    Line2[6]=Display_Buffer2[2];
    Line2[7]=Display_Buffer2[3];

    Set_Disp_Pos(0x40);
    i = 0;
    while(Line2[i]!='\0')
    {
        LCD_Write_Data(Line2[i]);
        i=i+1;
    }

}
```

### 3. 第三步——将新建的液晶显示器子程序源文件添加到主程序文件中

在 main 主函数中添加液晶显示器调用程序语句。

```c
#include <reg51.h>
#include "6264.c"
#include "lcd.c"

void main()
{
    //1.RAM 初始化
```

```
    RAM_Init();

    //2.LCD 初始化
    LCD_Initialise();
    DelayMS(10);
    while(1)
    {
        //3.LCD 显示
        LCD_Display();

    }
}
```

## 8.6 项目仿真

数字电压计系统项目的显示接口扩展部分的仿真结果如图 8-17 所示。

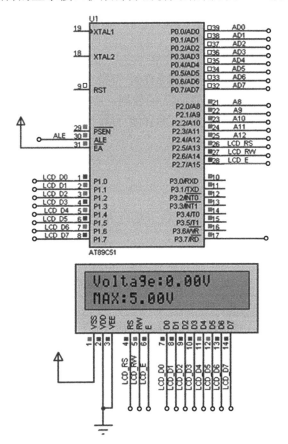

图 8-17 数字电压计系统项目的显示接口扩展部分的仿真结果

## 8.7 项目小结

根据项目实施的结果，可以看出，已经实现项目的硬件要求和软件要求，实现了单片机显示电路的扩展。通过这个项目，需要掌握以下有关单片机显示电路扩展的知识：

**1. 显示接口的扩展方法**

将要扩展的外部 I/O 设备不挂到单片机总线上，不利用单片机的读写外部 RAM 功能，而直接连利用 I/O 端口读写方式进行外部设备的读写。

**2. 数码管的扩展**

对于 8 段数码管，引脚和单片机的 8 个引脚进行连接，单片机发送指定的字形编码，控制显示的内容。多个数码管连接方式有静态显示和动态显示两种方式。

**3. LCD1602 的扩展**

1）单片机和 LCD1602 的硬件连接

（1）LCD1602 的控制引脚（R/S、RW、E）和单片机的 I/O 引脚连接。

（2）LCD1602 的数据引脚（D7～D0）和单片机的 I/O 引脚连接。

2）单片机对 LCD1602 的访问控制

（1）RS=0，R/W=1，E=1：读 LCD1602 的状态，D7～D0 输出状态字。

（2）RS=0，R/W=0，E=正脉冲：向 LCD1602 写指令，D7～D0 输入指令码。

（3）RS=1，R/W=1，E=1：读 LCD1602 的数据，D7～D0 输出数据字。

（4）RS=1，R/W=0，E=正脉冲：向 LCD1602 写数据，D7～D0 输入数据。

## 8.8 项目拓展

LCD12864 显示内容是 128 列×64 行，图形显示坐标中水平方向 X 以字节单位，垂直方向 Y 以位为单位。

LCD12864 采用标准的 20 引脚接口，其引脚说明如表 8-12 所示。

表 8-12 LCD12864 的引脚说明

| 编 号 | 符 号 | 引脚说明 | 编 号 | 符 号 | 引脚说明 |
| --- | --- | --- | --- | --- | --- |
| 1 | VSS | 电源地 | 11 | DB4 | 数据 |
| 2 | VDD | 电源正极 | 12 | DB5 | 数据 |
| 3 | V$_O$ | 液晶显示偏压 | 13 | DB6 | 数据 |
| 4 | RS | 数据/命令选择 | 14 | DB7 | 数据 |
| 5 | R/W | 读/写选择 | 15 | PSB | 并行/串行数据显示 |
| 6 | E | 使能信号 | 16 | NC | 空脚 |
| 7 | DB0 | 数据 | 17 | /RST | 复位 |
| 8 | DB1 | 数据 | 18 | NC | 空脚 |
| 9 | DB2 | 数据 | 19 | BLA | 背光源正极 |
| 10 | DB3 | 数据 | 20 | BLK | 背光源负极 |

## 1. 将液晶显示器的引脚分类

（1）电源引脚：VSS 为地电源、VDD 接+5V 电源。

（2）控制引脚：RS——并行模式时选择数据或指令，该端高电平时选择数据，该端低电平时选择指令；

串行模式时决定是否选择模块，该端高电平时选择模块，该端低电平时不选择模块；

R/W——并行模式时控制读/写串行模式时的输入数据，该端为高电平时读操作，该端为低电平时写操作；

E——并行模式时该端为使能端，串行模式时该端输入时钟脉冲；

PSB——该端为高电平时为并行模式，该端为低电平时为串行模式。

（3）数据引脚：D0～D7 为 8 位双向数据线。

## 2. LCD12864 的基本操作

LCD12864 的访问控制主要有以下四种基本操作，具体如表 8-13 所示。

表 8-13　LCD12864 基本操作时序

| 基本操作 | 控制引脚 | | | 数据引脚 | 说　明 |
|---|---|---|---|---|---|
| | RS | R/W | E | D7～D0 | |
| 读状态 | L | H | H | 状态字（输出） | 读指令寄存器 |
| 写指令 | L | L | 正脉冲 | 指令码（输入） | 写指令寄存器 |
| 读数据 | H | H | H | 数据（输出） | 读数据寄存器 |
| 写数据 | H | L | 正脉冲 | 数据（输入） | 写数据寄存器 |

## 3. LCD1602 的指令

LCD1602 液晶模块内部的控制器共有 11 条控制指令，具体内容如表 8-14、表 8-15 所示。

表 8-14　LCD1602 液晶模块的控制指令（RE=0，基本指令）

| 序　号 | 指令功能 | 指令编码 | | | | | | | | | |
|---|---|---|---|---|---|---|---|---|---|---|---|
| | | RS | R/W | DB7 | DB6 | DB5 | DB4 | DB3 | DB2 | DB1 | DB0 |
| 1 | 清除显示 | 0 | 0 | 0 | 0 | 0 | 0 | 0 | 0 | 0 | 1 |
| 2 | 地址归位 | 0 | 0 | 0 | 0 | 0 | 0 | 0 | 0 | 1 | X |
| 3 | 进入点设定 | 0 | 0 | 0 | 0 | 0 | 0 | 0 | 1 | I/D | S |
| 4 | 显示开关控制 | 0 | 0 | 0 | 0 | 0 | 0 | 1 | D | C | B |
| 5 | 光标或显示移位控制 | 0 | 0 | 0 | 0 | 0 | 1 | S/C | R/L | X | X |
| 6 | 功能设定 | 0 | 0 | 0 | 0 | 1 | DL | N | F | X | X |
| 7 | 设定 CGRAM 地址 | 0 | 0 | 0 | 1 | CGRAM 的地址（6 位） | | | | | |
| 8 | 设定 DDRAM 地址 | 0 | 0 | 1 | DDRAM 的地址（7 位） | | | | | | |
| 9 | 读取忙信号或 AC 地址 | 0 | 1 | BF | AC 地址（7 位） | | | | | | |
| 10 | 数据写入 DDRAM 或 CGRAM | 1 | 0 | 要写入的数据 D7～D0 | | | | | | | |
| 11 | 从 CGRAM 或 DDRAM 读出数据 | 1 | 1 | 要读出的数据 D7～D0 | | | | | | | |

表 8-15 LCD1602 液晶模块的控制指令（RE=1，扩充指令）

| 序号 | 指令功能 | 指令编码 | | | | | | | | |
|---|---|---|---|---|---|---|---|---|---|---|
| | | RS | R/W | DB7 | DB6 | DB5 | DB4 | DB3 | DB2 | DB1 | DB0 |
| 1 | 待命模式 | 0 | 0 | 0 | 0 | 0 | 0 | 0 | 0 | 0 | 1 |
| 2 | 卷动地址开关开启 | | | | | | | | | 1 | SR |
| 3 | 反白选择 | | | | | | | | 1 | R1 | R0 |
| 4 | 睡眠模式 | | | | | | | 1 | SL | X | X |
| 5 | 扩充功能设定 | | | | | | 1 | CL | X | RE | G | 0 |
| 6 | 功能设定 | | | | | | 1 | DL | N | F | X | X |
| 7 | 设定绘图 RAM 地址 | | | | | 1 | CGRAM 的地址（6 位） | | | | |

1）清除显示（指令代码为 01H）

功能：将 DDRAM 填满 "20H"(空格)，把 DDRAM 地址计数器调整为 "00H"，重新进入点设定将 I/D 设为 "1"，光标右移 AC 加 1。

2）地址归位（02H）

功能：把 DDRAM 地址计数器调整为 "00H"，光标回原点，该功能不影响显示 DDRAM。

3）进入点设定（04H/05H/06H/07H）

功能：设定光标移动方向并指定整体显示是否移动。

I/D=1 光标右移，AC 自动加 1；I/D=0 光标左移，AC 自动减 1；

SH=1 且 DDRAM 为写状态：整体显示移动，方向由 I/D 决定（I/D=1 左移，I/D=0 右移）；

SH=0 或 DDRAM 为读状态：整体显示不移动显示状态。

4）显示开/关控制（08H/0CH/0DH/0EH/0FH）

功能：D=1：整体显示 ON，D=0：整体显示 OFF；

C=1：光标显示 ON，C=0：光标显示 OFF；

B=1：光标位置反白且闪烁，B=0：光标位置不反白闪烁。

5）光标或显示移位控制（10H/14H/18H/1CH）

功能：10H/14H：光标左/右移动，AC 减/加 1；

18H/1CH：整体显示左/右移动，光标跟随移动，AC 值不变。

6）功能设定（20H/24H/26H/30H/34H/36H）

功能：DL=1：8-BIT 控制接口，DL=0：4-BIT 控制接口；

RE=1：扩充指令集动作，RE=0：基本指令集动作。

7）设定 CGRAM 地址（40H～7FH）

功能：设定 CGRAM 地址到地址计数器（AC），需确定扩充指令中 SR=0（卷动地址或 RAM 地址选择）。

8）设定 DDRAM 地址（80H～9FH）

功能：设定 DDRAM 地址到地址计数器（AC）。

9）读取忙碌状态（BF）和地址

功能：读取忙碌状态（BF）可以确认内部动作是否完成，同时可以读出地址计数器（AC）的值，当 BF=1，表示内部忙碌中此时不可下指令需等 BF=0 才可下新指令。

10）写资料到 RAM

功能：写入资料到内部的 RAM（DDRAM/CGRAM/GDRAM），每个 RAM 地址都要连续写入两个字节的资料。

11）读出 RAM 的值

功能：从内部 RAM 读取数据（DDRAM/CGRAM/GDRAM），当设定地址指令后，若需读取数据时需先执行一次空的读数据，才会读取到正确数据，第二次读取时则不需要，除非又下设定地址指令。

12）待命模式（01H）

功能：进入待命模式，执行其他命令都可终止待命模式。

13）卷动地址或 RAM 地址选择（02H/03H）

功能：SR=1：允许输入卷动地址；SR=0：允许设定 CGRAM 地址（基本指令）。

14）反白选择（04H～07H）

功能：选择 4 行中的一、三行或二、四行同时作反白显示，并可决定反白与否。

15）扩充功能设定（20H/24H/26H/30H/34H/36H）

功能：DL=1：8-BIT 控制接口，DL=0：4-BIT 控制接口；

RE=1：扩充指令集动作，RE=0：基本指令集动作；

G=1：绘图显示 ON，G=0：绘图显示 OFF。

16）设定卷动地址（40H～7FH）

功能：SR=1：AC5～AC0 为垂直卷动地址。

17）设定绘图 RAM 地址（80H～FFH）

功能：设定 GDRAM 地址到地址计数器（AC）。

**4. LCD12864 显示步骤**

显示资料 RAM（DDRAM）提供 64×2 个字节的空间，最多可以控制 4 行 16 字（64 个字）的中文字形显示，当写入显示资料 RAM 时，可以分别显示 CGROM，HCGROM 与 CGRAM 的 3 种字形：

（1）显示半宽的 HCGROM 字形：将 8 位资料写入 DDRAM 中，范围为 02H～7FH 的编码。

（2）显示 CGRAM 字形：将 16 位资料写入 DDRAM 中，总共有 0000H、0002H、0004H、0006H 4 种编码。

（3）显示中文 CGROM 字形：将 16 位资料写入 DDRAM 中，范围为 A140H～D75FH 的编码（BIG5），A1A0H～F7FFH 的编码（GB）。将 16 位资料写入 DDRAM 方式为透过连续写入两个字节的资料来完成，先写入高字节（D15～D8），再写入低字节（D7～D0）。

3 种字形的选择，由在 DDRAM 中写入的编码选择，在 0000H～0006H 的编码中将选择 CGRAM 的自定字形，02H～7FH 的编码中将选择半宽英数字的字形，至于 A1 以上的编码将自动地结合下一个字节，组成两个字节的编码达成中文字形的编码 BIG5（A140～D75F），GB（A1A0～F7FF）。

绘图显示 RAM 提供 64×32 个字节的记忆空间（由扩充指令设定绘图 RAM 地址），最多可以控制 256×64 点的二维绘图缓冲空间，写入绘图 RAM 的步骤如下。

（1）先将垂直的字节坐标（Y）写入绘图 RAM 地址。

（2）再将水平的字节坐标（X）写入绘图 RAM 地址。
（3）将 D15~D8 写入到 RAM 中（写入第一个字节）。
（4）将 D7~D0 写入到 RAM 中（写入第二个字节）。

### 5．汉字取模软件的使用

汉字取模软件采用 PCtoLCD2002 软件。软件有两种工作模式：字符模式和图形模式；默认是图形模式，具体界面如图 8-18 所示。

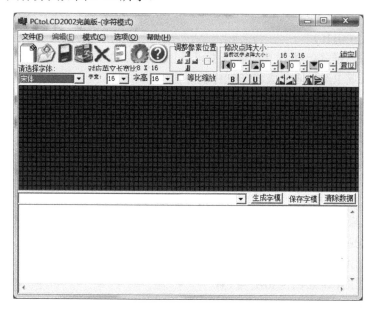

图 8-18　汉字取模软件 PCtoLCD2002

图形模式下可以将 BMP 格式的二值图像转换成在液晶模块上显示时对应的数据。单击工具栏左侧的【新建图标】按钮将弹出图 8-19（a）所示对话框，将要求用户输入新建图形的宽度和高度。假设我们要建立一个 16×16 的图形，则分别在两个文本框中输入 16 以后单击确定。

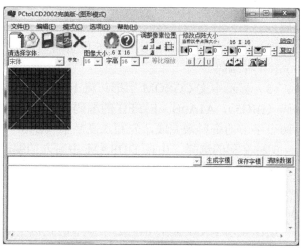

（a）【新建图标】对话框　　　　　　　　（b）16×16 的图形

图 8-19　汉字取模软件 PCtoLCD2002 的图形模式

项目八 显示接口扩展的设计与制作

图 8-19（b）的黄绿色区域以点阵格式显示了图形背景，每一个小方块代表一个像素，在每一个小方块内单击左键可以将方框变黑，表示画上了一个点，单击右键表示擦出了一个点；通过这样的操作，用户可以自己用鼠标画出要在液晶上显示的图形。

如果已经确定了图形的形状，那么单击工具栏中的【图标按钮】，可以看到图 8-20 所示的对话框。用户可以根据自己的实际需要而进行设置。设置完成后，单击左下角的确定保存。

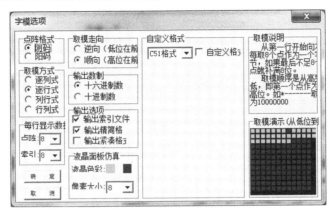

图 8-20　汉字取模软件 PCtoLCD2002 的字模选项

如果需要使用字符模式，则在菜单栏的模式菜单下选择字符模式，看到图 8-21 所示的图形。在界面的中心区域都变成了点阵格式，而非先前的空白模式。在图 8-21 中下部的文本框中输入要转换的文字。此时通过界面中上部的这些小工具，可以设置文字的字体，对应字符的大小等信息。通过修改点阵大小下面的工具可以很方便地对文字进行各种调整。

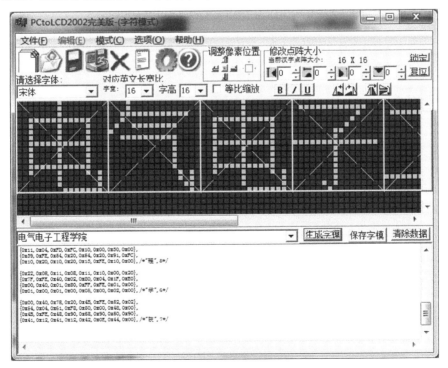

图 8-21　汉字取模软件 PCtoLCD2002 的字符模式

完成对文字的调整以后，还是单击图标按钮进行字模设置，然后单击生成字模图标按钮，就可以看到文字对应的显示数据了。

## 8.9 理论训练

1. 填空题

（1）共阴极数码管的 8 个发光二极管的_____连接在一起。输出端为_____电平时，则该端所连接的字段导通并点亮。

（2）共阳极数码管的 8 个发光二极管的_____连接在一起。输出端为_____电平时，则该端所连接的字段导通并点亮。

（3）共阴极数码管显示"5"，则_____段亮，_____段灭，字形码是_____。

（4）对于 LCD1602，控制命令 0x38 的意义是_____；控制指令 0x01 的意义是_____；控制指令 0x02 的意义是_____。

2. 简答题

（1）简述 LCD1602 的特点。设计 AT89C51 单片机和液晶显示模块 LCD1602 的基本连接电路，并编写初始化程序。初始化完毕后，显示班级-学号：13dz-23。

（2）简述 LCD12864 的特点。设计 AT89C51 单片机和液晶显示模块 LCD12864 的基本连接电路，并编写初始化程序。初始化完毕后，显示班级-学号：13 电子-23。

# 项目九

# 键盘接口扩展的设计与制作

**知识目标**

1. 了解常用键盘的连接种类
2. 掌握键盘识别的原理
3. 掌握单片机和键盘的硬件连接方法
4. 掌握单片机对键盘的访问控制方法

**能力目标**

1. 能够举例说明身边的键盘设备
2. 能够正确进行单片机和键盘的硬件连接
3. 能够正确进行单片机对键盘的访问控制

## 9.1 项目要求与分析

### 9.1.1 项目要求

在数字电压计项目中,已经扩展了存储器和显示接口部分,还需要扩展键盘部分。
(1) 单片机和 3 个按键(SET 键、UP 键和 DOWN 键)独立连接;
(2) SET 键的功能是设置最大电压阈值;
(3) UP 键的功能是增大设置的最大电压阈值;
(4) DOWN 键的功能是减少设置的最大电压阈值。

### 9.1.2 项目要求分析

根据项目要求的内容,需要满足以下要求,才可以完成项目的设计。
(1) 硬件功能要求:系统由单片机、数据存储器、LCD1602 和 3 个按键组成,完成单片机和 3 个按键的连接。
(2) 软件功能要求:完成 3 个按键的软件控制功能。
(3) 环境要求:由 Proteus 软件和 Keil 软件构建。
键盘接口和显示接口是构成单片机人机界面的主要方法。键盘是单片机应用系统中最常用的输入设备,键盘在单片机应用系统中能实现向单片机输入数据、传送命令等功能,是人工干预单片机的主要手段。

按键按照结构原理可分为两类,一类是触点式开关按键,如机械式开关、导电橡胶式开关等;另一类是无触点式开关按键,如电气式按键,磁感应按键等。前者造价低,后者寿命长。目前,单片机应用系统中最常见的是触点式开关按键。

按键按照接口原理可分为编码键盘与非编码键盘两类,这两类键盘的主要区别是识别键符及给出相应键码的方法。

编码键盘主要是用硬件来实现对键的识别,硬件结构复杂。全编码键盘由专门的芯片实现识别按键及输出相应的编码,一般还有去抖动和多键、窜键等保护电路,这种按键使用方便,硬件电路开销大,一般的小型嵌入式应用系统较少采用。

非编码键盘主要是由软件来实现键盘的定义与识别,硬件结构简单,软件编程量大。非编码键盘按连接方式可分为独立式按键和行列式按键两种,其他工作都主要由软件完成。由于其经济实用,较多地应用于单片机系统。

为了实现上述键盘接口功能要求,应该掌握以下知识。
(1) 键盘接口的扩展方法。
(2) 单片机和键盘接口的硬件连接。
(3) 单片机对键盘接口的读写访问控制。

为了实现上述功能要求,应该具备以下能力。
(1) 能够使用 Proteus 软件的实现硬件功能要求。
(2) 能够使用 Keil 软件的实现软件功能要求:完成对键盘接口的扫描功能,各个按键的功能控制。
(3) 能够使用 Keil 软件和 Proteus 软件的联调开发环境完成整个项目设计,实现要求。

## 9.2 项目理论知识

### 9.2.1 键盘接口的扩展方法

单片机键盘接口通常使用机械触点式按键开关,其主要功能是把机械上的通断转换成为电气上的逻辑关系。也就是说,它能提供标准的 TTL 逻辑电平,以便与通用数字系统的逻辑电平相容。在常态时开关触点处于断开状态,只有按下按键时,开关触点才闭合短路。

**1. 按键抖动**

机械式按键在按下或释放时,由于机械弹性作用的影响,通常伴随有一定时间的触点机械抖动,然后其触点才稳定下来。其抖动过程如下图所示,抖动时间的长短与开关的机械特性有关,一般为 5~10ms。在触点抖动期间检测按键的通与断状态,可能导致判断出错,即按键一次按下或释放被错误地认为是多次操作,这种情况是不允许出现的。为了克服按键触点机械抖动所致的检测误判,必须采取去抖动措施。这一点可从硬件、软件两方面予以考虑。在键数较少时,可采用硬件去抖,而当键数较多时,采用软件去抖,利用延时来去掉这一抖动时间。按键抖动过程如图 9-1 所示。

**2. 键盘接口的扩展方法**

采用非总线扩展模式,键盘接口和单片机接口进行连接。单片机可以采用查询或中断方式判断有无按键输入,并检查是哪一个键按下,获取按键键号,然后通过执行该键的功能程序,执行完后再返回主程序。

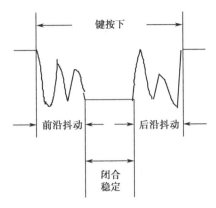

图 9-1 按键抖动过程

根据连接方式,键盘分独立式键盘和行列式键盘。

## 9.2.2 独立式键盘

单片机控制系统中,只需要几个功能键时,可采用独立式按键结构。

**1. 单片机和独立式键盘的硬件连接**

独立式按键是直接用 I/O 口线连接单个按键的电路,其特点是每个按键单独占用一根 I/O 口线,每个按键的工作不会影响其他 I/O 口线的状态。独立式按键连接如图 9-2 所示。

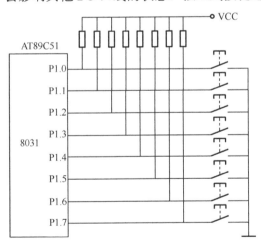

图 9-2 独立式按键连接

独立式按键电路配置灵活,软件结构简单,但每个按键必须占用一根 I/O 口线,因此,在按键较多时,I/O 口线浪费较大,不宜采用。

**2. 单片机对独立式键盘的访问控制**

独立式按键的软件常采用查询式方式。先逐位查询每根 I/O 口线的输入状态,如某一根 I/O 口线输入为低电平,则可确认该 I/O 口线所对应的按键已按下,然后,再转向该键的功能处理程序。

### 9.2.3 行列式键盘

单片机系统中，若使用按键较多时，通常采用矩阵式（也称为行列式）键盘。

#### 1. 单片机和独立式键盘的硬件连接

矩阵式键盘由行线和列线组成，按键位于行、列线的交叉点上，如图9-3所示。

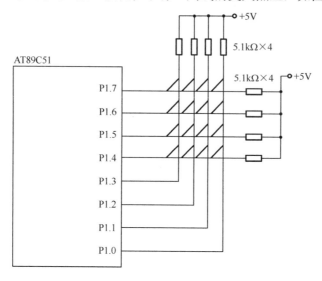

图9-3 行列式按键连接

由图可知，一个4×4的行、列结构可以构成一个含有16个按键的键盘，显然，在按键数量较多时，矩阵式键盘较之独立式按键键盘要节省很多I/O口。

#### 2. 单片机对独立式键盘的访问控制

矩阵式键盘中，行、列线分别连接到按键开关的两端，行列线通过上拉电阻接到+5V上。当无键按下时，行列线处于高电平状态；当有键按下时，行列线将导通，此时，行线电平将由与此行线相连的列线电平决定。这是识别按键是否按下的关键。然而，矩阵键盘中的行线、列线和多个键相连，各按键按下与否均影响该键所在行线和列线的电平，各按键间将相互影响，因此，必须将行线、列线信号配合起来作适当处理，才能确定闭合键的位置。

对于矩阵式键盘，按键的位置由行号和列号唯一确定，因此可分别对行号和列号进行二进制编码，然后将两值合成一个字节，高4位是行号，低4位是列号。

## 9.3 项目概要设计

### 9.3.1 数字电压计系统的键盘接口扩展概要设计

数字电压计项目的键盘部分的设计要使用中断来完成，具体的设计框图如图9-4所示。

从图9-4中可以看出，单片机连接了数据存储器和液晶显示器后，还需要外接键盘控制部分，这部分是需要和单片机的I/O端口进行连接的。

项目的主要设计内容如下。

（1）进行硬件电路设计时，需要考虑键盘和单片机连接的I/O端口、键盘组成形式。

（2）进行软件设计时，需要考虑如何控制键盘、按键的功能处理。

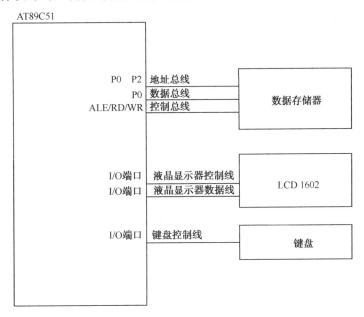

图 9-4　数字电压计项目的键盘扩展部分的设计框图

### 9.3.2　硬件电路的概要设计

有关数字电压表项目的键盘扩展部分的硬件电路的概要设计可以考虑设计以下内容。

**1. 键盘的组成形式**

本设计键盘个数较少，共 3 个，并且单片机的 I/O 端口资源足够，因此键盘的组成形式采用独立式键盘，而不采用行列式键盘。

**2. 键盘和单片机连接的 I/O 端口**

单片机的 P0 端口用作数据总线和地址总线低 8 位，P1 端口用作 LCD 的数据总线，P2 端口用作地址总线的高 6 位和 LCD 控制总线，根据分析，采用单片机的 P3 端口和键盘进行连接。

（1）单片机的 P3.0 端口：和 SET 按键连接，用于完成电压最大值的设计。
（2）单片机的 P3.1 端口：和 UP 按键连接，用于完成设置值递增的设计。
（3）单片机的 P3.2 端口：和 DOWN 按键连接，用于完成设置值递减的设计。

数字电压计项目键盘扩展部分的硬件电路的概要设计框图如图 9-5 所示。

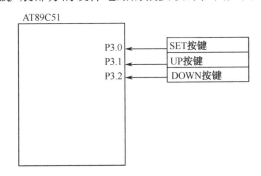

图 9-5　数字电压计项目的键盘扩展部分的硬件电路的概要设计框图

### 9.3.3 软件程序的概要设计

有关数字电压计项目键盘扩展部分的软件设计的核心：如何控制 3 个不同功能的按键。数字电压计项目的键盘扩展部分的软件控制流向图如图 9-6 所示，其说明如表 9-1 所示。

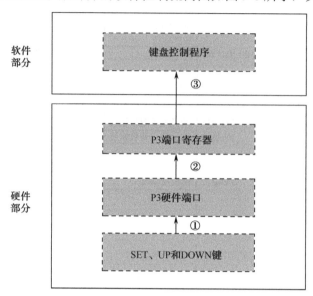

图 9-6 数字电压计项目的键盘扩展部分的软件设计控制流向图

表 9-1 数字电压计项目的键盘扩展部分的控制流向说明

| 序 号 | 说 明 |
| --- | --- |
| ① | 按键按下或是抬起的动作，引起 P3.0/P3.1/P3.2 硬件端口电平状态发生变换 |
| ② | P3.0/P3.1/P3.2 硬件端口电平状态发生变换引起 P3 寄存器相应位的值发生变化 |
| ③ | 键盘控制程序根据 P3 寄存器的值的变化，判定按下的键，并进行相应处理 |

通过控制流向的分析，软件设计的重点是：如何判定按下的键，以及 SET 键的功能处理、UP 键的功能处理和 DOWN 键的功能处理。

## 9.4 项目详细设计

### 9.4.1 硬件电路的详细设计

根据数字电压计项目的键盘扩展部分的硬件概要设计，其详细设计图如图 9-7 所示。
（1）按键抬起时的状态
图 9-7 中，R1、R2 和 R3 为上拉电阻，当 SET、UP、DOWN 键抬起的时候，将 P3.0、P3.1、P3.2 端口的电平状态拉成高电平。
（2）按键按下时的状态
当 SET、UP、DOWN 键按下的时候，连接导通接地，将 P3.0、P3.1、P3.2 端口的电平状态拉成低电平。

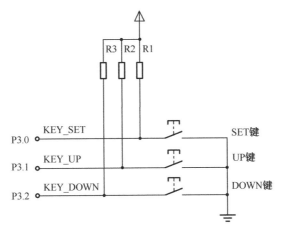

图 9-7 数字电压计项目的键盘扩展部分的硬件电路详细设计图

### 9.4.2 软件程序的详细设计

根据数字电压计项目的键盘扩展部分的软件概要设计，软件部分的设计主要是：SET 键功能设计、UP 键功能设计和 DOWN 键功能设计。

**1．获取键值子程序的处理流程图**

获取键值子程序的处理流程图如图 9-8 所示，其说明如表 9-2 所示。

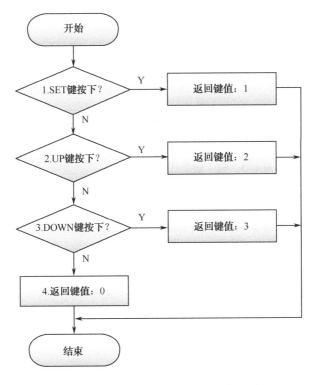

图 9-8 获取键值子程序的处理流程图

表9-2　获取键值子程序的处理流程图的说明

| 序　号 | 说　　明 |
|---|---|
| 1 | 判断 SET 键是否按下（P3.0 端口电平状态为低电平），按下则返回键值 1 |
| 2 | 判断 UP 键是否按下（P3.1 端口电平状态为低电平），按下则返回键值 2 |
| 3 | 判断 DOWN 键是否按下（P3.2 端口电平状态为低电平），按下则返回键值 3 |
| 4 | 上述按键均没按下，则返回 0 |

### 2．SET 键处理子程序的流程图

SET 键处理子程序的流程图如图 9-9 所示，其说明如表 9-3 所示。

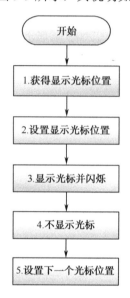

图 9-9　SET 键处理子程序的流程图

表9-3　SET 键处理子程序的流程图的说明

| 序　号 | 说　　明 |
|---|---|
| 1 | 获得当前的显示光标位置 |
| 2 | 通过向液晶显示器发命令，设置显示光标位置 |
| 3 | 通过向液晶显示器发命令，设置：开显示、显示光标、光标闪烁，并延时 |
| 4 | 通过向液晶显示器发命令，设置：开显示、不显示光标，光标不闪烁 |
| 5 | 设置下一个光标位置 |

### 3．UP 键处理子程序的流程图

UP 键处理子程序的流程图如图 9-10 所示，其说明如表 9-4 所示。

项目九 键盘接口扩展的设计与制作

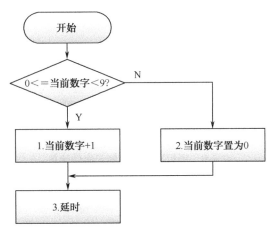

图 9-10 UP 键处理子程序的流程图

表 9-4 UP 键处理子程序的流程图的说明

| 序 号 | 说 明 |
| --- | --- |
| 1 | 如果数字在 0~9 范围内，每按一次 UP 键，则数字加 1，逐步增加至 9 |
| 2 | 如果数字是 9，再按一次 UP 键，应该归为 0，从 0 开始计算 |
| 3 | 通过延时程序控制按键处理时间 |

### 4. DOWN 键处理子程序的流程图

DOWN 键处理子程序的流程图如图 9-11 所示，其说明如表 9-5 所示。

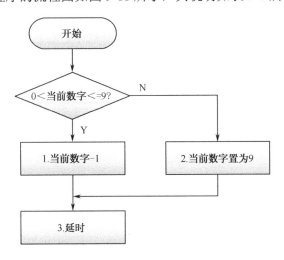

图 9-11 DOWN 键处理子程序的流程图

表 9-5 DOWN 键处理子程序的流程图的说明

| 序 号 | 说 明 |
| --- | --- |
| 1 | 如果数字在 0~9 范围内，每按一次 DOWN 键，则数字减 1，逐步减少至 0 |
| 2 | 如果数字是 0，再按一次 DOWN 键，应该归为 9，从 9 开始计算 |
| 3 | 通过延时程序控制按键处理时间 |

## 9.5 项目实施

### 9.5.1 硬件电路的实施

打开数字电压计项目设计,添加本项目所需要的元器件,如表 9-6 所示。

表 9-6 项目四所使用的元器件清单

| 序　号 | 库参考名称 | 库 | 描　述 |
|---|---|---|---|
| 1 | RES | DEVICE | Generic resistor symbol |
| 2 | BUTTON | ACTIVE | SPST Push Button |

建立的数字电压计项目的按键扩展部分的硬件电路原理图如图 9-12 所示。

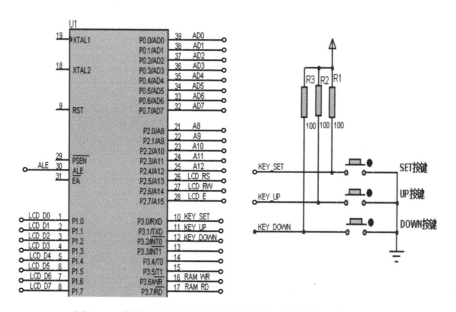

图 9-12　数字电压计项目的按键扩展部分的硬件电路原理图

### 9.5.2 软件程序的实施

交通灯控制器项目的软件实施的具体步骤如下。

1. 第一步——打开项目工程
2. 第二步——新建 KEY 子程序源文件并编辑

在编辑窗口中的 Text 文件自动保存为"key.c"源文件。

```
sbit KEY_SET=P3^0;
sbit KEY_UP=P3^1;
sbit KEY_DOWN=P3^2;
```

```c
//LCD 相关的外部函数
extern void LCD_Write_Command(unsigned char cmd);
extern void Set_Disp_Pos(unsigned char pos);
extern void DelayMS(unsigned int ms);
extern unsigned char Display_Buffer2[];
extern char Current_Cursor_Pos;
extern char Next_Cursor_Pos;

//1.获取键值子程序
char Key_Check()
{
    if(!KEY_SET)   return(1);           //判断 SET 键是否按下
    if(!KEY_UP)    return(2);           //判断 UP 键是否按下
    if(!KEY_DOWN)  return(3);           //判断 DOWN 键是否按下
    return(0);
}
//2.UP 按键处理子程序
void Key_Up()
{
    char pos;
    pos= Current_Cursor_Pos-0x44;
    //(1)如果数字在 0~9 范围内
    if(Display_Buffer2[pos]<'9' && Display_Buffer2[pos]>='0' )
        Display_Buffer2[pos]=Display_Buffer2[pos]+1;   //数字加 1 至 9
    else                                               //(2)如果数字是 9
        Display_Buffer2[pos]='0';                      //从 0 开始计算
    //(3)通过延时程序控制按键处理时间
    DelayMS(300);
}
//3. SET 按键处理子程序
void Key_Set()
{
    //(1)获得显示光标位置
    Current_Cursor_Pos=Next_Cursor_Pos;
    //(2)设置显示光标位置
    Set_Disp_Pos(Current_Cursor_Pos);
    //(3)显示光标并闪烁
    LCD_Write_Command(0x0F);
    DelayMS(400);                                      //控制按键处理时间
    //(4)不显示光标
    LCD_Write_Command(0x0C);
    //(5)设置下一个光标位置
    if(Current_Cursor_Pos==0x44)
        Next_Cursor_Pos=0x46;
    else if(Current_Cursor_Pos==0x46)
        Next_Cursor_Pos=0x47;
    else if(Current_Cursor_Pos==0x47)
        Next_Cursor_Pos=0x44;
```

}

```c
//4. DOWN 按键处理子程序
void Key_Down()
{
    char pos;

    pos= Current_Cursor_Pos-0x44;
    //(1)如果数字在 0～9 范围内
    if(Display_Buffer2[pos]<='9' && Display_Buffer2[pos]>'0' )
        Display_Buffer2[pos]=Display_Buffer2[pos]-1;       //则数字减 1 至 0
    else//(2)如果数字是 0
        Display_Buffer2[pos]='9';                          //从 9 开始计算
    //(3)通过延时程序控制按键处理时间
    DelayMS(300);
}
```

### 3. 第三步——将新建的 KEY 子程序源文件添加到主程序文件中

在 main 主函数中添加 KEY 调用程序语句。

```c
#include <reg51.h>
#include "6264.c"
#include "lcd.c"
#include "key.c"

void main()
{
    char key;
    //1.RAM
    RAM_Init();

    //2.LCD
    LCD_Initialise();
    DelayMS(10);
    while(1)
    {
        //3.显示
        LCD_Display();

        //4.处理按键
        key=Key_Check();
        switch(key)
        {
            case 1:              //SET
                Key_Set();
                break;
            case 2:              //UP
                Key_Up();
                break;
            case 3:              //DOWN
                Key_Down();
```

```
                break;
            default:
                break;
        }
    }
}
```

## 9.6 项目仿真

有关数字电压计项目的按键扩展部分的仿真运行结果，具体步骤如下。

### 1. 第一步——查看 SET 键按下的运行结果（见图 9-13）

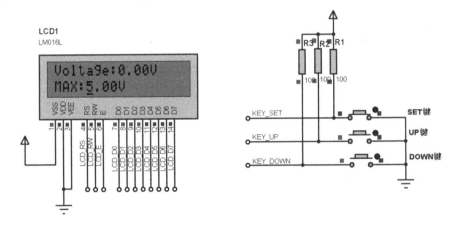

图 9-13　SET 键按下的运行结果

### 2. 第二步——查看 UP 键按下的运行结果（见图 9-14）

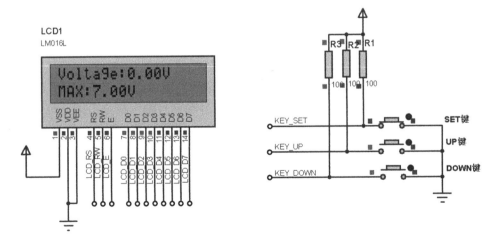

图 9-14　UP 键按下的运行结果

### 3. 第三步——查看 DOWN 键按下的运行结果（见图 9-15）

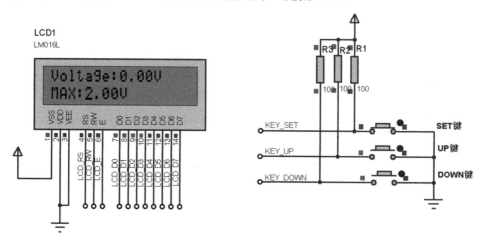

图 9-15  DOWN 键按下的运行结果

## 9.7 项目小结

根据项目实施的结果，可以看出，已经实现项目的硬件要求和软件要求，实现了单片机键盘电路的扩展。通过这个项目，需要掌握以下有关单片机键盘电路扩展的知识：

### 1. 键盘接口的扩展方法

采用非总线扩展模式，键盘接口和单片机接口进行连接。单片机可以采用查询或中断方式判断有无按键输入，并检查是哪一个键按下，获取按键键号，然后通过执行该键的功能程序，执行完后再返回主程序。

### 2. 独立式键盘的扩展

（1）单片机和键盘的硬件连接：每个按键单独占用一根 I/O 口线。
（2）单片机对键盘的访问控制：逐位查询每根 I/O 口线的输入状态。

### 3. 行列式键盘的扩展

（1）单片机和键盘的硬件连接：由行线和列线组成，按键位于行、列线的交叉点上。
（2）单片机对键盘的访问控制：按键的位置由行号和列号唯一确定，因此可分别对行号和列号进行二进制编码，然后将两值合成一个字节，高 4 位是行号，低 4 位是列号。

## 9.8 理论拓展

在单片机应用系统中，键盘是人机对话不可缺少的组件之一。在按键比较少时，我们可以一个单片机 I/O 口接一个按键，但当按键需要很多，I/O 资源又比较紧张时，使用矩阵式键盘无疑是最好的选择。

4×4 矩阵键盘是运用得最多的键盘形式，也是单片机入门必须掌握的一种键盘识别技术，下面我们就以实例来说明一下 4×4 矩阵键盘的识别方法。如图 9-16 所示，我们把按键接成矩阵的形式,这样用 8 个 I/O 口就可以对 16 个按键进行识别了,节省了 I/O 口资源。编程实现 4×4 键盘,按"0"号键在数码管显示"0",按"1"号键在数码管显示"1",……,按"F"号键在数码管显示"F"。

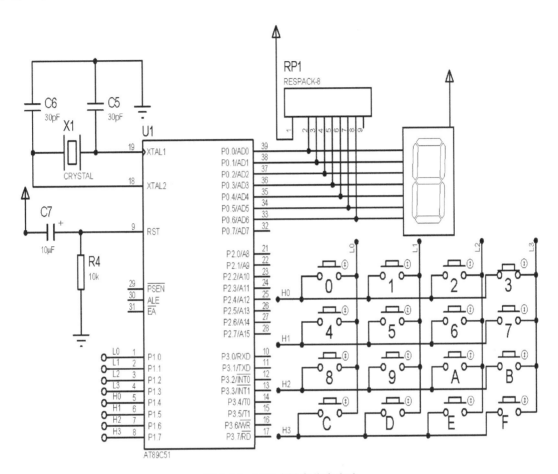

图 9-16 行列式键盘仿真电路

有关图 9-16 中所示的 4×4 键盘的设计思路如下。

**1．初始化键盘**

先让 P1 口的低 4 位输出低电平,高四位输出高电平,即让 P1 口输出 0xF0。

**2．扫描键盘**

(1) 读 P1 端口的值,看 P1 是否还为 0xF0。

(2) 如果仍为 0xF0,则表示没有按键按下。

(3) 如果不是 0xF0,延时 10ms,再读 P1 口,再次确认是否为 0xF0,这是为了防止抖动干扰造成错误识别,如果不是那就说明是真的有按键按下了。

**3．识别键盘键值**

初始化时,P1 口的低 4 位输出低电平,高 4 位输出高电平,P1=0xF0。确认了真的有按键按下时,首先读 P1 口的高 4 位,确定哪一行有按键按下。

然后,P1 口输出 0x0F,即让 P1 口的低 4 位输出高电平,高 4 位输出低电平,P1=0x0F。

读 P1 口的低 4 位,确定哪一列有按键按下。

最后,我们把高 4 位读到的值与低四位读到的值做"或"运算就得到了该按键所在行和所在列的信息,即按键的键值。

以 0 键为例,初始化时 P1 输出 0xF0,当 0 键按下时,我们读高 4 位的状态应为 1110,即 P1 为 0xE0,然后让 P1 输出 0x0F,读低 4 位产状态应为 1110,即 P1 为 0x0E,让两次读数相与得 0xEE,即第 0 行第 0 列的键按下,即判断出"0"键按下。

具体的程序代码如下。

```c
#include<reg51.h>
#include<absacc.h>
#include<intrins.h>
#define uchar unsigned char
#define uint unsigned int

uchar code Tab[16]=
{
    0xC0, 0xF9, 0xA4, 0xB0,/*  0    1    2    3*/
    0x99, 0x92, 0x82, 0xF8,/*  4    5    6    7*/
    0x80, 0x90, 0x88, 0x83,/*  8    9    A    B*/
    0xC6, 0xA1, 0x86, 0x8E /*  C    D    E    F*/
};
uchar idata com1,com2;                  //com1 保存行信息,com2 保存列信息
//子函数声明
void delay10ms();
uchar key_scan();


void main()
{
    uchar dat;
    while(1)
    {
        P1=0xf0;                         //初始化:先让 P1 口的低 4 位输出低电平,高 4 位输出高电平;
        while(P1!=0xf0)                  //若 P1 不等于 0xf0,则有键按下;
        {
            dat=key_scan();              //调用键值识别子函数,并把键值返回给 dat
            P0=Tab[dat];                 //查 Tab[]数组,把字形送 P0 口显示;
        }
    }
}
//延时子函数
void delay10ms()
{
    uchar i,j,k;
    for(i=5;i>0;i--)
    for(j=4;j>0;j--)
    for(k=248;k>0;k--);
}
//键值扫描子函数
```

```c
uchar key_scan()
{
    uchar com;                          //键值
    delay10ms();                        //键盘抖动
    P1=0xf0;                            //为读 P1 口做准备
    if(P1!=0xf0)                        //再判断 P1 口, 若为真表示有键按下
    {
        com1=P1&0xf0;                   //高 4 位保留, 提取行信息; 低 4 位屏蔽
        P1=0x0f;                        //让 P1 口的低 4 位输出高电平, 高 4 位输出低电平, 读 P1 口的低 4 位
        com2=P1&0x0f;                   //低 4 位保留, 提取列信息; 高 4 位屏蔽
    }
    P1=0xf0;                            //重新把 P1 口设置为初始化状态, 才可以再判断键盘是否放开
    while(P1!=0xf0);                    //若有键按下, 则 P1!=0xf0 成立, 则 while(1), 在此等待
                                        //若无键按下, 则 P1!=0xf0 不成立, 则 while(0), 顺序执行下面的操作

    switch(com2)
    {
        case 0x0E: com = 0; break;      //按键在第 0 列
        case 0x0D: com = 1; break;      //按键在第 1 列
        case 0x0B: com = 2; break;      //按键在第 2 列
        case 0x07: com = 3; break;      //按键在第 3 列
    }
    switch(com1)
    {
        case 0x0E: com += 0; break;     //按键在第 0 行
        case 0x0D: com += 4; break;     //按键在第 1 行
        case 0x0B: com += 8; break;     //按键在第 2 行
        case 0x07: com += 12; break;    //按键在第 3 行
    }
    return com;
}
```

## 9.9 理论训练

1. 填空题

（1）键盘抖动的去除可以采用_____的方法, 也可以采用_____方法。软件去抖动的方法其实就是_____。

（2）常见的按键连接方法有_____和_____。

（3）独立式键盘连接的特点是_____。

（4）行列式键盘连接的特点是_____。

（5）键盘按键机械抖动的时间一般是_____。

2. 简答题

（1）设计一个单片机独立式按键的键盘接口电路, 共有 8 个按键, 键号分别为 0~7, 要求按下某键时, 用 LCD1602 显示该键的键值, 编程实现。

（2）如上, 如果改成行列式键盘, 如何设计键盘扫描程序？

# 数模转换接口扩展的设计与制作

**知识目标**

1. 了解常用数模转换芯片和模数转换芯片
2. 掌握数模转换和模数转换的原理
3. 掌握单片机和模数转换芯片的硬件连接方法
4. 掌握单片机对模数转换芯片的访问控制方法

**能力目标**

1. 能够举例说明身边的数模转换芯片和模数转换芯片
2. 能够正确进行单片机和数模转换芯片和模数转换芯片的硬件连接
3. 能够正确进行单片机对数模转换芯片和模数转换芯片的访问控制

## 10.1 项目要求与分析

### 10.1.1 项目要求

在数字电压计项目中,除了存储器部分、显示接口部分和键盘部分,还需要模数转换芯片,用于获取电压值。

(1) 单片机和模数转换芯片连接。
(2) 模数转换芯片能将模拟电压值转换成数字电压值,送至显示接口电路部分显示。
(3) 获得的数字电压值保存到数据存储器中,并能够读取查看。

### 10.1.2 项目要求分析

根据项目要求的内容,需要满足以下要求,才可以完成项目的设计。
(1) 硬件功能要求:系统由单片机、数字存储器、LCD1602、3个按键和模数转换芯片组成,完成单片机和模数转换芯片的连接。
(2) 软件功能要求:完成模数转换芯片的软件控制功能。

非电物理量(温度、压力、流量、速度等),须经传感器转换成模拟电信号(电压或电流),必须转换成数字量,才能在单片机中处理。数字量,也常常需要转换为模拟信号。

模拟量输入输出通道是单片机与控制对象之间的重要接口。

（1）A/D 转换器即模/数转换器（Analog to Digital Converter，ADC）：将模拟量信号转换成数字量信号的器件。是模拟量输入通道的核心器件。

在 A/D 转换接口设计中，主要考虑的问题是选择合适的转换芯片，采用合理的电路结构，将模拟量转换为与其大小成正比的数字量信号。

（2）D/A 转换器即数/模转换器（Digital to Analog Converter，DAC）：将数字量信号转换为模拟量信号的器件。是模拟量输出通道的核心器件。

在 D/A 转换接口设计中，主要考虑的问题是 D/A 转换芯片的选择、数字量的码输入和模拟量的极性输出、参考电压、电流、电源等。

对于数模转化电路的扩展采用非总线扩展方法：数模转换接口和单片机接口进行连接。单片机可以采用查询或中断方式判断数模转换是否完成，并获得转换结果。获取转换结果后，然后对转换结果进行处理。

为了实现上述功能要求，应该掌握以下知识。

（1）常用的数模转换芯片及工作原理。
（2）单片机和数模转换芯片的硬件连接及软件访问控制。
（3）常用的模数转换芯片及工作原理。
（4）单片机对模数转换芯片的硬件连接及软件访问控制。

为了实现上述功能要求，应该具备以下能力。

（1）能够使用 Proteus 软件的实现硬件功能要求。
（2）能够使用 Keil 软件的实现软件功能要求：完成对模数转换芯片的访问控制。
（3）能够使用 Keil 软件和 Proteus 软件的联调开发环境完成整个项目设计，实现要求。

## 10.2 项目理论知识

### 10.2.1 D/A 转换芯片 DAC0832

D/A 转换器输入的是数字量，输出的是模拟量，完成数字量→模拟量的转换，如图 10-1 所示。

图 10-1 DAC 转换的原理图

D/A 转换器的原理：把输入数字量中每位都按其权值分别转换成模拟量，并通过运算放大器求和相加，模拟量输出的关系式如下：

$$U_{out}=B\times C$$

式中，$C$ 为常量，取决于转换器的电路结构，通常为 $C=U_{REF}/2^n$；$B$ 为数字量，是一个二进制数，当 D/A 转换器芯片为 $n$ 位时，$B$ 的计算公式：

$$B = b_{n-1}b_{n-2}\cdots b_1 b_0 = b_{n-1}\times 2^{n-1} + b_{n-2}\times 2^{n-2} + \cdots + b_1 \times 2^1 + b_0 \times 2^0$$

式中，$b_{n-1}$ 为 $B$ 的最高位；$b_0$ 为最低位。

有关 D/A 转换器的性能指标如下。

（1）分辨率：是指输入数字量发生变化时，所对应的输出模拟量（常为电压）的变化量。它反映了输出模拟量的最小变化值。常采用二进制位数来表示。分辨率关系式如下：

$$\Delta U = \frac{输出模拟量的变化量}{输入数字量的变化量} = \frac{FS}{2^n}$$

式中，FS 表示输出模拟量电压的变化量，是满量程输入值；$n$ 为二进制位数，共有 $2^n$ 个等级的输入变化值，即 $2^n$ 为输入数字量的变化量。

例如，对于 5V 的满量程，采用 8 位的 DAC 时，分辨率为 5V/256=19.5mV，即输入数字量变化 1 个时输出的模拟量变化 19.5mV；当采用 12 位的 DAC 时，分辨率则为 5V/4096=1.22mV，即输入数字量变化 1 个时输出的模拟量变化 1.22mV。显然，位数越多，分辨率就越高。

（2）转换精度：由 D/A 转换器引入的输出与输入之间的误差。分为绝对转换精度和相对转换精度。

绝对转换精度指对于给定的满度数字量，D/A 实际输出值与理论输出值之间的误差。

相对转换精度是绝对转换精度相对于满量程输出的百分数。如绝对转换精度为±0.05V，满量程输出为 5V，则相对转换精度为±1%。

在不考虑其他 D/A 转换误差时，D/A 的转换精度就是分辨率的大小。所以要获得高精度的转换结果，首先要选择分辨率足够高的 D/A 转换器。

（3）转换速率/建立时间：转换速率实际是由建立时间来反映的。建立时间是衡量 D/A 转换速率快慢的技术指标，是指当 D/A 转换器输入数字量有满刻度变化时，从输入数字量到输出模拟量达到与终值相差±1/2LSB（最低有效位）相当的模拟量值所需的时间。

不同型号 D/A 转换器的建立时间不一样，一般从几个纳秒到几百个微秒。

**1．单片机和 D/A 转换芯片 DAC0832 的硬件连接**

DAC0832 是一个 8 位 D/A 转换器。单电源供电，从 5～15V 均可正常工作。基准电压的范围为±10V；电流建立时间为 1μs。DAC0832 转换器芯片为 20 引脚，双列直插式封装，其引脚如图 10-2 所示。

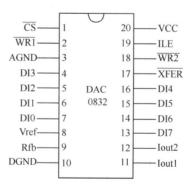

图 10-2　DAC0832 的引脚

该转换器由输入寄存器和 DAC 寄存器构成两级数据输入锁存。使用时，数据输入可以采

项目十 数模转换接口扩展的设计与制作

用两级锁存（双锁存）形式，或单级锁存（一级锁存，一级直通）形式，或直接输入（两级直通）形式。具体的引脚说明如表 10-1 所示。

表 10-1 DAC0832 的引脚说明

| 编号 | 符号 | 引脚说明 | 编号 | 符号 | 引脚说明 |
| --- | --- | --- | --- | --- | --- |
| 1 | $\overline{CS}$ | 片选信号 | 11 | VCC | 电源 |
| 2 | $\overline{WR1}$ | 第1写信号 | 12 | ILE | 数据锁存允许信号 |
| 3 | AGND | 模拟地 | 13 | $\overline{WR2}$ | 第2写信号 |
| 4 | DI3 | 转换数据输入 | 14 | $\overline{XFER}$ | 数据传送控制信号 |
| 5 | DI2 | 转换数据输入 | 15 | DI4 | 转换数据输入 |
| 6 | DI1 | 转换数据输入 | 16 | DI5 | 转换数据输入 |
| 7 | DI0 | 转换数据输入 | 17 | DI6 | 转换数据输入 |
| 8 | Vref | 基准电压 | 18 | DI7 | 转换数据输入 |
| 9 | Rfb | 反馈电阻端 | 19 | Iout2 | 电流输出 2 |
| 10 | DGND | 数字地 | 20 | Iout1 | 电流输出 1 |

根据表 10-1 中有关 DAC0832 的引脚说明，对 DAC0832 进行引脚分类。

1）控制引脚

（1）$\overline{CS}$：片选信号（输入），低电平有效。

（2）$\overline{WR1}$：第 1 写信号（输入），低电平有效。

（3）ILE：数据锁存允许信号（输入），高电平有效。两个信号控制输入寄存器是数据直通方式还是数据锁存方式：ILE=1 和 WR1=1=0 时，为输入寄存器直通方式；当 ILE=1 和 WR1=1 时，为输入寄存器锁存方式。

（4）$\overline{WR2}$：第 2 写信号（输入），低电平有效。

（5）$\overline{XFER}$：数据传送控制信号(输入)，低电平有效。两个信号控制 DAC 寄存器是数据直通方式还是数据锁存方式，当 WR2=0 和 XFER=0 时，为 DAC 寄存器直通方式；当 WR2=1 和 XFER=0 时，为 DAC 寄存器锁存方式。

2）数据引脚

（1）DI7～DI0：转换数字数据输入。

（2）Iout1：模拟电流输出 1。

（3）Iout2：模拟电流输出 2，Iout1+Iout2=常数。

## 2. 单片机对 D/A 转换芯片 DAC0832 的访问控制

DAC0832 进行 D/A 转换，有如下 3 种工作方式：

（1）直通方式：适用于连续反馈控制线路中。

方法：所有控制信号均接有效电平，即 $\overline{WR1}$、$\overline{WR2}$、$\overline{CS}$ 和 $\overline{XFER}$ 均接地，ILE 接高电平，使两级寄存器处于直通状态。到达输入端的数字量立即加到 8 位 D/A 转换器，被转换成模拟量，即模拟输出端始终跟踪数字输入端的变化。

此方式下，DAC0832 必须通过 I/O 接口与 CPU 连接。

（2）单缓冲方式：适用于只有一路模拟量输出或几路模拟量非同步输出的情形。

单缓冲方式是控制输入寄存器和 DAC 寄存器同时接收资料，或者只用输入寄存器而把

DAC 寄存器接成直通方式。

方法 1：两级寄存器的控制信号并接，使其同时接收数据，即 $\overline{CS}$ 和 $\overline{XFER}$ 并接，$\overline{WR1}$ 和 $\overline{WR2}$ 并接，ILE 接+5V，使锁存输入和启动 D/A 一次完成。

方法 2：DAC 寄存器接成直通方式($\overline{WR2}$ 和 $\overline{XFER}$ 接地)，输入寄存器接成锁存方式(ILE 接+5V，$\overline{CS}$ 接端口地址译码器，$\overline{WR1}$ 接 CPU 的 $\overline{WR}$ 信号)。

方法 3：输入寄存器接成直通方式(ILE 接+5V，$\overline{WR1}$ 和 $\overline{CS}$ 接地)，DAC 寄存器接成锁存方式($\overline{WR2}$ 和 $\overline{XFER}$ 接选通信号)。

（3）双缓冲方式：适用于多个 D/A 转换同步输出的情形。

双缓冲方式是先使输入寄存器接收资料，再控制输入寄存器的输出资料到 DAC 寄存器，即分两次锁存输入资料。

方法：数字量的输入和 D/A 转换输出分两步完成，即 CPU 先分别将待转换的数字量依次送入各 DAC0832 的输入寄存器，然后再控制这些 DAC0832 同时将各自输入寄存器中的数据传送到各自的 DAC 寄存器，实现多个 D/A 转换的同步输出。

### 10.2.2　A/D 转换芯片 ADC0832

A/D 转换器用于实现模拟量→数字量的转换。在进行 A/D 转换时，输入的模拟量是在时间上连续的信号，而输出的数字量是离散的信号，所以进行转换时只能在一系列选定的瞬间对输入信号取样，然后再把这些取样的值转换输出的数字量。因此，将模拟信号转换成数字信号需要经过采样、保持、量化和编码四个步骤。前两个步骤在取样-保持电路中完成，后两步骤则在 ADC 中完成。

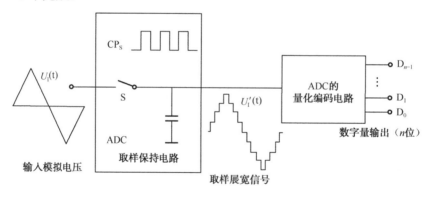

图 10-3　ADC 的工作原理图

按转换原理可分为四种，即计数式 A/D 转换器、双积分式 A/D 转换器、逐次逼近式 A/D 转换器和并行式 A/D 转换器。目前最常用的是双积分式 A/D 转换器和逐次逼近式 A/D 转换器。

1）积分型 A/D 转换器

积分型 ADC 是一种间接式 A/D 转换器，其工作原理是先将输入模拟电压转换成中间量(时间 $T$ 或频率 $f$)，然后由定时器/计数器把中间量转换成数字值。积分型 A/D 转换器中最基本的就是双积分式 A/D 转换器。其优点是用简单电路就能获得高分辨率，但缺点是由于转换精度依赖于积分时间，因此转换速率极低。

## 2）逐次逼近型 A/D 转换器

逐次逼近型 AD 由一个比较器和 DA 转换器通过逐次比较逻辑构成，从数据的最高位 MSB 开始，顺序地对每一位将输入电压与内置 DA 转换器输出进行比较，经 $n$ 次比较而输出数字值。使用时只需发出 A/D 转换启动信号，然后在转换结束控制 EOC 端查知 A/D 转换过程结束后，取出数据即可。其电路规模属于中等。其优点是速度较高、功耗低。

有关 A/D 转换器的性能指标如下。

### 1）分辨率

分辨率是指输入模拟量（常为电压）发生变化时，所对应的输出数字量的变化量。它反映区分输入电压的最小值，说明 A/D 转换器对输入信号的分辨能力。从理论上讲，$n$ 位输出的 A/D 转换器能区分 $2^n$ 个不同等级的输入模拟电压，能区分输入电压的最小值为满量程输入的 $1/2^n$。在最大输入电压一定时，输出位数愈多，分辨率愈高。具体公式如下：

$$\Delta U = \frac{输入模拟量的变化量}{输出数字量的变化量} = \frac{FS}{2^n}$$

式中，FS 表示输入模拟量电压的变化量，是满量程输入值；$n$ 为二进制位数，共有 $2^n$ 个等级的输出变化值，即 $2^n$ 为输出数字量的变化量。

例如，对于满量程输入值为 10V，当 A/D 转换器输出为 8 位二进制数时，这个转换器应能区分出输入信号的最小电压为 $10V/2^8=10/256=39.1mV$，即输入电压信号变换 39.1mV 时会引起输出数字量变化 1 个；当 A/D 转换器输出为 12 位二进制数时，这个转换器应能区分出输入信号的最小电压为 $10V/2^{12}=10/4096=2.4mV$，即输入电压信号变换 2.4mV 时会引起输出数字量变化 1 个。可以看出，位数越多分辨率就越高。因此，A/D 转换器的分辨率以输出二进制（或十进制）数的位数来表示。

### 2）转换误差

转换误差通常是以输出误差的最大值形式给出。它表示 A/D 转换器实际输出的数字量和理论上的输出数字量之间的差别。常用最低有效位的倍数表示。例如，给出相对误差≤±LSB/2，这就表明实际输出的数字量和理论上应得到输出数字量之间的误差小于最低位的半个字。

### 3）转换时间

转换时间是指 A/D 转换器从转换控制信号到来开始，到输出端得到稳定的数字信号所经过的时间。A/D 转换器的转换时间与转换电路的类型有关。不同类型的转换器转换速度相差甚远。其中并行比较 A/D 转换器的转换速度最高，8 位二进制输出的单片集成 A/D 转换器转换时间可达到 50ns 以内，逐次比较型 A/D 转换器次之，它们多数转换时间在 10～50μs 以内，间接 A/D 转换器的速度最慢，如双积分 A/D 转换器的转换时间大都在几十毫秒至几百毫秒之间。在实际应用中，应从系统数据总的位数、精度要求、输入模拟信号的范围以及输入信号极性等方面综合考虑 A/D 转换器的选用。

## 1. 单片机和 A/D 转换芯片 ADC0832 的硬件连接

ADC0832 是美国国家半导体公司生产的一种双通道 A/D 转换芯片。ADC0832 为 8 位分辨率 A/D 转换芯片，其最高分辨可达 256 级，可以适应一般的模拟量转换要求。其内部电源输入与参考电压的复用，使得芯片的模拟电压输入在 0～5V 之间，芯片转换时间仅为 32μs。ADC0832 的引脚如图 10-4 所示，其说明如表 10-2 所示。

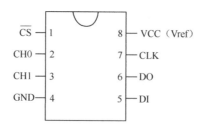

图 10-4　ADC0832 的引脚

表 10-2　ADC0832 的引脚说明

| 编号 | 符号 | 引脚说明 | 编号 | 符号 | 引脚说明 |
| --- | --- | --- | --- | --- | --- |
| 1 | $\overline{CS}$ | 片选信号 | 5 | DI | 数字数据输入 |
| 2 | CH0 | 模拟输入通道 0 | 6 | DO | 数字数据输出 |
| 3 | CH1 | 模拟输入通道 1 | 7 | CLK | 时钟信号 |
| 4 | GND | 地 | 8 | VCC/Vref | 电源/参考电压输入 |

针对 ADC0832 芯片进行如下引脚分类。

1）控制引脚

（1）$\overline{CS}$：片选信号，低电平有效。

（2）CLK：芯片时钟输入。

2）数据引脚

（1）CH0：模拟输入通道 0，或作为 IN+/−使用。

（2）CH1：模拟输入通道 1，或作为 IN+/−使用。

（3）DI：数据信号输入，选择通道控制。

（4）DO：数据信号输出，转换数据输出。

### 2．单片机对 A/D 转换芯片 ADC0832 的访问控制

正常情况下 ADC0832 与单片机的接口应为 4 个引脚，分别是 $\overline{CS}$、CLK、DO、DI。但由于 DO 端与 DI 端在通信时并未同时有效并与单片机的接口是双向的，所以电路设计时可以将 DO 和 DI 并联在一起使用。

当 ADC0832 未工作时 $\overline{CS}$ 输入端应为高电平，此时芯片禁用，CLK 和 DO/DI 的电平可任意。

当要进行 A/D 转换时，须先将 $\overline{CS}$ 使能端置于低电平并且保持低电平直到转换完全结束。此时芯片开始转换工作，同时由单片机向芯片时钟输入端 CLK 输入时钟脉冲，DO/DI 端则使用 DI 端输入通道功能选择的数据信号。

（1）在第 1 个时钟脉冲的下沉之前 DI 端必须是高电平，表示起始信号。

（2）在第 2、3 个脉冲下沉之前 DI 端应输入 2 位数据用于选择通道功能。当此 2 位数据为 "1"、"0" 时，只对 CH0 进行单通道转换。

当 2 位数据为 "1"、"1" 时，只对 CH1 进行单通道转换。

当 2 位数据为 "0"、"0" 时，将 CH0 作为正输入端 IN+，CH1 作为负输入端 IN-进行输入。

当 2 位数据为 "0"、"1" 时，将 CH0 作为负输入端 IN-，CH1 作为正输入端 IN+进行输入。

在完成输入启动位、通道选择之后，就可以开始读出数据，转换得到的数据会被送出两次，一次高位在前传送，一次低位在前传送，连续送出。

项目十 数模转换接口扩展的设计与制作

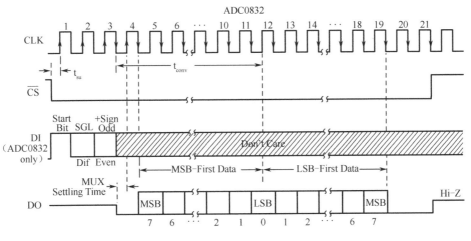

图 10-5 ADC0832 控制时序图

## 10.3 项目概要设计

### 10.3.1 数字电压计项目的数模转换接口扩展的概要设计

数字电压计项目的数模转换接口扩展的具体设计框图如图 10-6 所示。

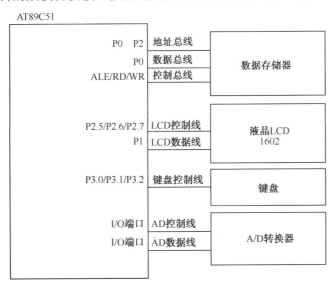

图 10-6 数字电压计项目的数模转换接口扩展的设计框图

从图 10-6 中可以看出，除了单片机外接的数据存储器、液晶显示器和键盘之外，需要外接 A/D 转换器部分，这部分需要单片机控制。

项目的主要设计内容如下。

（1）进行硬件电路设计时，需要考虑 A/D 转换器和单片机连接的 I/O 端口。

（2）进行软件设计时，需要考虑如何控制 A/D 转换器，如何获得 A/D 转换数据。

## 10.3.2 硬件电路的概要设计

有关数字电压计项目的数模转换接口扩展的硬件电路的概要设计内容如下。

### 1．A/D 转换器控制线部分

A/D 转化器的控制线部分的连接如下。

（1）$\overline{CS}$ 片选信号，低电平有效。连接至单片机的 P3.3 引脚。

（2）CLK 时钟信号：连接至单片机的 P3.4 引脚，用于控制 A/D 转换的过程。

### 2．A/D 转换器数据输入部分

A/D 转换器的数据线部分的连接如下。

（1）模拟信号输入：采用 CH0 通道输入电压值，连接至可调电阻。

（2）数字信号输出：通过 DO 引脚输出转换后的数字信号，连接至单片机的 P3.5 引脚。

（3）数字信号输入：通过 DI 引脚选择通道控制，由于 DO 端与 DI 端在通信时并未同时有效，并与单片机的接口是双向的，所以电路设计时可以将 DO 和 DI 并联在一根数据线上使用。

有关上述的设计内容具体如图 10-7 所示。

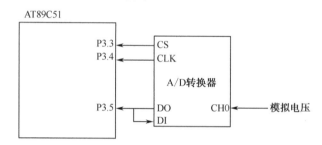

图 10-7　数字电压计项目的数模转换接口扩展的硬件电路的概要设计

## 10.3.3 软件程序的概要设计

有关数字电压计项目的数模转换接口扩展的软件设计控制流向图如图 10-8 所示，其说明如表 10-3 所示。

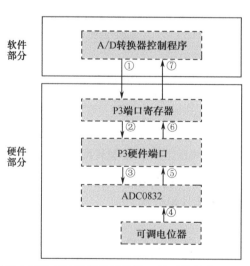

图 10-8　数字电压计项目的数模转换接口扩展的软件设计控制流向图

表 10-3　数字电压计项目的数模转换接口扩展的软件设计控制流向图的说明

| 序　号 | 说　　　明 |
|---|---|
| ① | A/D 转换器控制程序控制 P3 端口寄存器相应位的设置控制 AD0832 |
| ② | P3 端口寄存器相应位的值被设置，P3 端口的电平状态发生变化 |
| ③ | P3 端口的电平状态改变，AD0832 的片选/时钟信号电平发生变化，控制 ADC0832 |
| ④ | 调节电位器，改变电压值，作为 ADC0832 的模拟电压信号输入 |
| ⑤ | ADC0832 将转换的数字信号通过 DO 引脚输出 |
| ⑥ | 通过 P3 端口读取转换后的数字信号至端口寄存器中 |
| ⑦ | ADC 控制程序获得转换后的数字信号，并显示 |

## 10.4　项目详细设计

### 10.4.1　硬件电路的详细设计

根据数字电压计项目的数模转换接口扩展的硬件电路的概要设计，详细的电路设计图如图 10-9 所示。

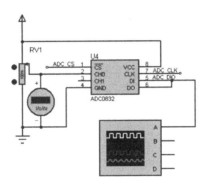

图 10-9　数字电压计项目的数模转换接口扩展的硬件电路的详细设计图

**1．模拟信号输入部分**

这部分电路由可调电阻 RV1、电压表构成，其中可调电阻用于调节输入的模拟电压量，电压表用于测量输入的模拟电压量。模拟电压量采用 CH0 通道输入。

**2．数字信号输出部分**

这部分电路通过 DO 引脚输出转换后的数字信号，连接至单片机的 P3.5 引脚。单片机获得转换的数字信号后，可以进行处理并用于显示。为了直观观察转换的数字信号，在数字信号输出部分连接了虚拟示波器。

### 10.4.2　软件程序的详细设计

根据数字电压计项目的数模转换接口扩展的软件概要设计，软件部分的设计主要是：ADC0832 的控制。

**1．ADC0832 处理子程序的流程图**

ADC0832 处理子程序的流程图如图 10-10 所示，其说明如表 10-4 所示。

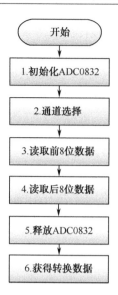

图 10-10 ADC0832 处理子程序的流程图

表 10-4 ADC0832 处理子程序的流程图的说明

| 序 号 | 说 明 |
| --- | --- |
| 1 | 初始化 ADC0832：CS 拉低，CLK 有效，通过 DI 发送起始信号 |
| 2 | 通道选择：通过 DI 引脚发送数据 10 选择通道 0 |
| 3 | 读取前 8 位数据：CLK 时钟信号下降沿通过 DO 引脚读取数据并保存，直到 8 位读完 |
| 4 | 读取后 8 位数据：通过 DO 引脚读取数据并保存，直到 8 位读完，CLK 时钟信号变化 |
| 5 | 释放 ADC0832：读完数据后，拉高 CS、CLK 和 DIO 信号，释放 ADC |
| 6 | 获得转换数据：比较前 8 位数据和后 8 位数据，如果相等，获得转换数据 |

### 2．数字电压计主程序的流程图

数字电压计主程序的流程图如图 10-11 所示，其说明如表 10-5 所示。

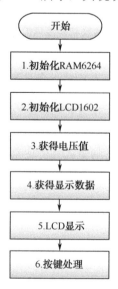

图 10-11 数字电压计主程序的流程图

项目十 数模转换接口扩展的设计与制作

表 10-5 数字电压计主程序的流程图的说明

| 序 号 | 说 明 |
| --- | --- |
| 1 | 初始化 RAM6264：从指定地址开始清零，共 100 个字节，用于保存 ADC 转换结果 |
| 2 | 初始化 LCD1602：设置液晶显示器的显示方式 |
| 3 | 获得电压值：获得 ADC0832 转换后的电压数字值，并处理 |
| 4 | 获得显示数据：获得个位、小数点第一位和小数点第二位的显示数据 |
| 5 | LCD 显示：显示第一行的内容（当前电压值），显示第二行的内容（显示最大值） |
| 6 | 按键处理：处理 SET、UP、DOWN 键，用于设置电压最大值 |

## 10.5 项目实施

### 10.5.1 硬件电路的实施

交通灯控制项目的硬件电路实施的具体步骤如下。

**1. 第一步——打开设计，添加元器件**

打开项目七设计，添加本项目所需要的元器件，具体如表 10-6 所示。

表 10-6 项目四所使用的元器件清单

| 序 号 | 库参考名称 | 库 | 描 述 |
| --- | --- | --- | --- |
| 1 | ADC0832 | NATDAC | 8-bit serial IO ADC |
| 2 | POT-HG | ACTIVE | High granularity interactive potentiometer |

**2. 第二步——放置对象（包括元器件和电源终端）并布局**

编辑修改元器件参数；放置连线，连接对象，建立原理图，如图 10-12 所示。

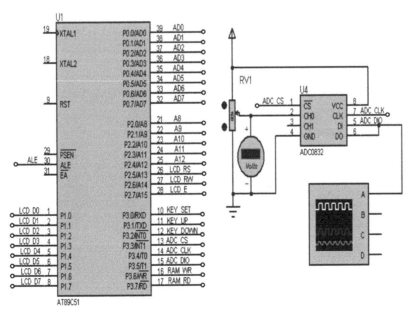

图 10-12 交通灯控制项目的硬件电路的原理图

## 10.5.2 软件程序的实施

交通灯控制器项目的软件实施的具体步骤如下。

1. 第一步——打开项目工程
2. 第二步——新建 ADC0832 子程序源文件并编辑

在编辑窗口中的 Text 文件自动保存为"adc0832.c"源文件。

```c
sbit ADC_CS=P3^3;
sbit ADC_CLK=P3^4;
sbit ADC_DIO=P3^5;

void Init_AD()
{
    ADC_CS  = 0;
    ADC_CLK = 0;
    ADC_DIO = 1;
    _nop_(); _nop_();
    ADC_CLK = 1;
    _nop_(); _nop_();
}
void Choose_AD_channel()
{
    ADC_CLK = 0;
    ADC_DIO = 1;
    _nop_(); _nop_();
    ADC_CLK = 1;
    _nop_(); _nop_();
    ADC_CLK = 0;
    ADC_DIO = 0;
    _nop_(); _nop_();
    ADC_CLK = 1;

    ADC_DIO = 1;
    _nop_(); _nop_();
    ADC_CLK = 0;
    _nop_(); _nop_();
}
unsigned char Get_AD_Result()
{
    unsigned char i,dat1=0,dat2=0;
    //1.初始化 ADC0832
    Init_AD( );

    //2.通道选择:ch0:10,ch1:11
    Choose_AD_channel( );

    //3.读取前 8 位数据
    for(i=0;i<8;i++)
    {
        _nop_();
```

```
            dat1<<= 1;
            ADC_CLK=1;_nop_(); ADC_CLK=0;
            if(ADC_DIO)
                dat1|=0x01;
            else
                dat1|=0x00;
        }

        //4.读取后 8 位数据
        for(i=0;i<8;i++)
        {
            dat2 >>= 1;
            if(ADC_DIO)
                dat2|=0x80;
            else
                dat2|=0x00;
            _nop_();
            ADC_CLK=1;_nop_(); ADC_CLK=0;
        }
        //5.释放 ADC0832
        ADC_CS = 1;
        ADC_DIO=1;
        ADC_CLK=1;

        //6.比较前 8 位和后 8 位的值
        return (dat1 == dat2) ? dat1:0;

}
```

### 3. 第三步——将新建的 ADC0832 子程序源文件添加到主程序文件中

在 main 主函数中添加 ADC 调用程序语句。

```
#include <reg51.h>
#include "6264.c"
#include "lcd.c"
#include "key.c"
#include "adc0832.c"

void main()
{
    unsigned int ADC_Data;
    char key;
    //1.RAM 初始化
    RAM_Init( );

    //2.LCD 初始化
    LCD_Initialise( );
    DelayMS(10);
    while(1)
    {
        //3.获得电压值
        ADC_Data = Get_AD_Result( );
```

```
                ADC_Data = ADC_Data*500.0/255;

            //4.获得显示数据
            Display_Buffer1[0]=ADC_Data/100+'0';
            Display_Buffer1[2]=ADC_Data/10%10+'0';
            Display_Buffer1[3]=ADC_Data%10+'0';

            //5.LCD 显示
            LCD_Display();

            //6.按键处理
            key=Key_Check();
            switch(key)
            {
            case 1:    //SET
                Key_Set();break;
            case 2:   //UP
                Key_Up();break;
            case 3:   //DOWN
                Key_Down();break;
            }
        }
    }
```

## 10.6　项目仿真

查看数字电压表的运行结果，具体如图 10-13 所示。

## 10.7　项目小结

根据项目实施的结果，可以看出，已经实现项目的硬件要求和软件要求，实现了整个数字电压计项目，该项目中包括 AT89C51 单片机、存储器电路、显示接口电路、键盘接口电路和数模转换接口电路。通过这个项目，需要掌握以下有关单片机数模转化电路扩展的知识。

1．数模转换接口的扩展方法

对于数模转化电路的扩展采用非总线扩展方法：数模转换接口和单片机接口进行连接。单片机可以采用查询或中断方式判断数模转换是否完成，并获得转换结果。获取转换结果后，然后对转换结果进行处理。

2．DAC 芯片的扩展

（1）单片机和 DAC 芯片的硬件连接：控制引脚和数据引脚分别和单片机 I/O 接口连接。

（2）单片机对 DAC 芯片的访问控制：通过对控制引脚的控制，从数据引脚获得转换结果。

3．ADC 芯片的扩展

（1）单片机和 ADC 芯片的硬件连接：控制引脚和数据引脚分别和单片机 I/O 接口连接。

（2）单片机对 ADC 芯片的访问控制：通过对控制引脚的控制，从数据引脚获得转换结果。

# 项目十 数模转换接口扩展的设计与制作

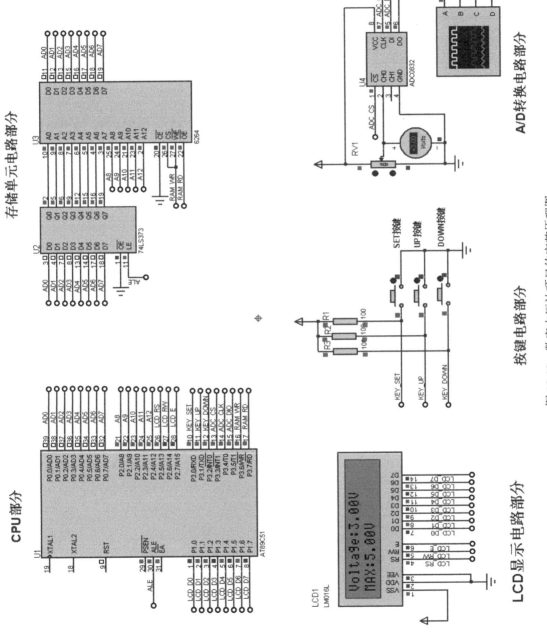

图10-13 数字电压计项目的完整原理图

## 10.8 理论训练

1. 简答题

（1）D/A 转换器的分辨率与转换器的位数有什么关系？

（2）D/A 转换器的主要技术指标有哪些？

（3）将模拟信号转换成数字信号需要经过哪些步骤？

（4）A/D 转换器的主要技术指标有哪些？

2. 计算题

（1）求 8 位 D/A 转换器的分辨率。

（2）有一个 8 位 D/A 转换器，最大输出电压为 10V，那么当 D=101001 时，输出电压为多少？

# 附录 A

# AT89C51 单片机的特殊功能寄存器

1. TCON，地址：88H，定时器计数器控制，中断控制

| TCON | D7 | D6 | D5 | D4 | D3 | D2 | D1 | D0 |
|---|---|---|---|---|---|---|---|---|
| | TF1 | TR1 | TF0 | TR0 | IE1 | IT1 | IE0 | IT0 |
| 88H | 8FH | 8EH | 8DH | 8CH | 8BH | 8AH | 89H | 88H |

IT0（TCON.0），外部中断 0 触发方式控制位。

当 IT0=0 时，为电平触发方式。当 IT0=1 时，为边沿触发方式（下降沿有效）。

IE0（TCON.1），外部中断 0 中断请求标志位。

IT1（TCON.2），外部中断 1 触发方式控制位。

IE1（TCON.3），外部中断 1 中断请求标志位。

TF1（TCON.7）：T1 溢出中断请求标志位。T1 计数溢出时由硬件自动置 TF1 为 1。CPU 响应中断后 TF1 由硬件自动清 0。T1 工作时，CPU 可随时查询 TF1 的状态。所以，TF1 可用作查询测试的标志。TF1 也可以用软件置 1 或清 0，同硬件置 1 或清 0 的效果一样。

TR1（TCON.6）：T1 运行控制位。TR1 置 1 时，T1 开始工作；TR1 置 0 时，T1 停止工作。TR1 由软件置 1 或清 0。所以，用软件可控制定时/计数器的启动与停止。

TF0（TCON.5）：T0 溢出中断请求标志位，其功能与 TF1 类同。

TR0（TCON.4）：T0 运行控制位，其功能与 TR1 类同。

2. TMOD，地址：89H，定时器计数器工作方式控制

| TMOD | D7 | D6 | D5 | D4 | D3 | D2 | D1 | D0 |
|---|---|---|---|---|---|---|---|---|
| | GATE | $C/\overline{T}$ | M1 | M0 | GATE | $C/\overline{T}$ | M1 | M0 |
| B9H | T1 方式段 | | | | T0 方式段 | | | |

GATE：门控位。

GATE=0 时，只要用软件使 TCON 中的 TR0 或 TR1 为 1，就可以启动定时/计数器工作；

GATA=1 时，要用软件使 TR0 或 TR1 为 1，同时外部中断引脚 $\overline{INT0}$（或 $\overline{INT1}$）也为高电平时，才能启动定时/计数器工作。即此时定时器的启动多了一条件。

$C/\overline{T}$：定时/计数模式选择位。$C/\overline{T}$=0 时为定时模式；$C/\overline{T}$=1 时为计数模式。

M1、M0：工作方式设置位。定时/计数器有 4 种工作方式，由 M1、M0 进行设置。

| M1 | M0 | 工作方式 | 说　　明 |
|---|---|---|---|
| 0 | 0 | 方式 0 | 13 位定时/计数器 |
| 0 | 1 | 方式 1 | 16 位定时/计数器 |
| 1 | 0 | 方式 2 | 8 位自动重装定时/计数器 |
| 1 | 1 | 方式 3 | T0 分成两个独立的 8 位定时/计数器；T1 停止计数 |

注意：TMOD 寄存器的地址是 89H，不可以进行位寻址，只能以字节设置。

3．TL0，地址：8AH，定时器 0 低 8 位
4．TL1，地址：8BH，定时器 1 低 8 位
5．TH0，地址：8CH，定时器 0 高 8 位
6．TH1，地址：8DH，定时器 1 高 8 位
7．SCON，地址：98H，串行通信控制寄存器

| SCON | D7 | D6 | D5 | D4 | D3 | D2 | D1 | D0 |
|---|---|---|---|---|---|---|---|---|
|  | SM0 | SM1 | SM2 | REN | TB8 | RB8 | TI | RI |
| 98H | 9FH | 9EH | 9DH | 9CH | 9BH | 9AH | 99H | 98H |

SM0 SM1：串行口方式选择位

| SM0 SM1 | 工作方式 | 说　　明 |
|---|---|---|
| 0　0 | 0 | 移位寄存器方式（用于 I/O 口扩展） |
| 0　1 | 1 | 8 位 UART，波特率可变（由定时 T1 溢出率控制） |
| 1　0 | 2 | 9 位 UART，波特率为 $f_{osc}/64$ 或 $f_{osc}/32$ |
| 1　1 | 3 | 9 位 UART，波特率可变（由定时 T1 溢出率控制） |

SM2：方式 2 和方式 3 的多机通信控制位，在方式 0 中，SM2 应置 0。
REN：允许串行接收位，由软件置 1 时，允许接收；清 0 时，禁止接收。
TB8：方式 2 和方式 3 中，发送的第 9 位数据，需要时由软件置位或复位。
RB8：方式 2 和方式 3 中，接收到的第 9 位数据，在方式 1 时，RB 是接收到停止位，在方式 0 时，不使用 RB8。
TI：接收中断标志，由硬件置 1，在方式 0 时，串行发送到第 8 位结束时置 1；在其他方式，串行口发送停止位时置 1。TI 必须由软件清 0。
RI：接收中断标志，由硬件置 1。在方式 0 时（SM2 应置 0），接收到第 8 位结束时置 1，当 SM2=0 的其他方式（方式 0，1，3）时，接收到停止位置位"1"，当 SM2=1 时，若串口工作在方式 2 和 3，接收到的第 9 位数据（RB8）为 1 时，才激活 RI。在方式 1 时，只有接收到有效的停止位时才会激活 RI。RI 必须由软件清 0。

8．SBUF，地址：99H，串行通信数据缓冲器
9．IE，地址：A8H，中断使能控制寄存器

| IE | D7 | D6 | D5 | D4 | D3 | D2 | D1 | D0 |
|---|---|---|---|---|---|---|---|---|
|  | EA | — | ET2 | ES | ET1 | EX1 | ET0 | EX0 |
| A8H | AFH | — | ADH | ACH | ABH | AAH | A9H | A8H |

EX0（IE.0），外部中断 0 允许位；
ET0（IE.1），定时/计数器 T0 中断允许位；
EX1（IE.2），外部中断 0 允许位；
ET1（IE.3），定时/计数器 T1 中断允许位；
ES（IE.4），串行口中断允许位；
EA（IE.7），CPU 中断允许（总允许）位；
ET2（IE.5），定时/计数器 T2 中断允许位。

10．IP，地址：B8H，中断优先级控制寄存器

AT89C51 单片机有两个中断优先级，即可实现二级中断服务嵌套。每个中断源的中断优先级都是由中断优先级寄存器 IP 中的相应位的状态来规定的。

| IP | D7 | D6 | D5 | D4 | D3 | D2 | D1 | D0 |
|---|---|---|---|---|---|---|---|---|
|  | — | — | — | PS | PT1 | PX1 | PT0 | PX0 |
| B8H | — | — | — | BCH | BBH | BAH | B9H | B8H |

PX0（IP.0）外部中断 0 优先级设定位；
PT0（IP.1）定时/计数器 T0 优先级设定位；
PX1（IP.2）外部中断 0 优先级设定位；
PT1（IP.3）定时/计数器 T1 优先级设定位；
PS（IP.4）串行口优先级设定位。

11．PSW，地址：D0H，程序状态字

| PSW | D7 | D6 | D5 | D4 | D3 | D2 | D1 | D0 |
|---|---|---|---|---|---|---|---|---|
|  | Cy | Ac | F0 | RS1 | RS0 | OV | — | P |
| 位地址 | D7H | D6H | D5H | D4H | D3H | D2H | D1H | D0H |

Cy：进位标志位；
Ac：辅助进位标志位；
F0，F1：用户标志位；
RS1 RS0：工作组寄存器选择位；
OV：溢出标志；
P：A 的奇偶标志位。

12．SP，地址：81H，堆栈指针寄存器

13．P0：80H，P1：90H，P2：A0H，P3：B0H　　I/O 口锁存器

14．DPTR：数据指针寄存器，16bit，DPH：83H，DPL：82H

15．Acc 累加器 A，地址：E0H

16．B 寄存器 B，地址 F0H

17．PCON，地址：87H，电压控制及波特率选择

| 位序 | D7 | D6 | D5 | D4 | D3 | D2 | D1 | D0 |
|---|---|---|---|---|---|---|---|---|
| 功能 | SMOD | — | — | — | GF1 | GF0 | PD | IDL |

DL：空闲方式控制位，置 1 后单片机进入空闲方式，电流为 1.7～5mA；
PD：掉电方式控制位，置 1 后单片机，时钟信号停止，单片机停止工作，掉电方式；
GF0、GF1：通用标志位；
SMOD：串行口波特率倍率控制位，为 1 时，波特率加倍。

# 附录 B

# reg51.h 文件

```c
/*--------------------------------------------------------------
REG51.H
Header file for generic 80C51 and 80C31 microcontroller.
Copyright (c) 1988-2002 Keil Elektronik GmbH and Keil Software, Inc.
All rights reserved.
--------------------------------------------------------------*/

#ifndef __REG51_H__
#define __REG51_H__

/*   BYTE Register   */
sfr P0   = 0x80;
sfr P1   = 0x90;
sfr P2   = 0xA0;
sfr P3   = 0xB0;
sfr PSW  = 0xD0;
sfr ACC  = 0xE0;
sfr B    = 0xF0;
sfr SP   = 0x81;
sfr DPL  = 0x82;
sfr DPH  = 0x83;
sfr PCON = 0x87;
sfr TCON = 0x88;
sfr TMOD = 0x89;
sfr TL0  = 0x8A;
sfr TL1  = 0x8B;
sfr TH0  = 0x8C;
sfr TH1  = 0x8D;
sfr IE   = 0xA8;
sfr IP   = 0xB8;
sfr SCON = 0x98;
sfr SBUF = 0x99;

/*   BIT Register   */
/*   PSW   */
sbit CY  = 0xD7;
sbit AC  = 0xD6;
sbit F0  = 0xD5;
sbit RS1 = 0xD4;
sbit RS0 = 0xD3;
```

```c
sbit OV   = 0xD2;
sbit P    = 0xD0;

/*   TCON   */
sbit TF1  = 0x8F;
sbit TR1  = 0x8E;
sbit TF0  = 0x8D;
sbit TR0  = 0x8C;
sbit IE1  = 0x8B;
sbit IT1  = 0x8A;
sbit IE0  = 0x89;
sbit IT0  = 0x88;

/*   IE   */
sbit EA   = 0xAF;
sbit ES   = 0xAC;
sbit ET1  = 0xAB;
sbit EX1  = 0xAA;
sbit ET0  = 0xA9;
sbit EX0  = 0xA8;

/*   IP   */
sbit PS   = 0xBC;
sbit PT1  = 0xBB;
sbit PX1  = 0xBA;
sbit PT0  = 0xB9;
sbit PX0  = 0xB8;

/*   P3   */
sbit RD   = 0xB7;
sbit WR   = 0xB6;
sbit T1   = 0xB5;
sbit T0   = 0xB4;
sbit INT1 = 0xB3;
sbit INT0 = 0xB2;
sbit TXD  = 0xB1;
sbit RXD  = 0xB0;

/*   SCON   */
sbit SM0  = 0x9F;
sbit SM1  = 0x9E;
sbit SM2  = 0x9D;
sbit REN  = 0x9C;
sbit TB8  = 0x9B;
sbit RB8  = 0x9A;
sbit TI   = 0x99;
sbit RI   = 0x98;

#endif
```

# 附录 C

# C51 语言的库函数

## 1．寄存器库函数

在 REG××.H 的头文件中定义了单片机的所有特殊功能寄存器和相应的位，定义时都用大写字母。当在程序的头部把寄存器库函数 REG××.H 包含后，在程序中就可以直接使用单片机中的特殊功能寄存器和相应的位。

## 2．I/O 库函数

I/O 库函数主要用于数据通过串口的输入和输出等操作，C51 的 I/O 库函数的原型声明包含在头文件 stdio.h 中。由于这些 I/O 函数使用了单片机的串行接口，因此在使用之前需要先进行串口的初始化。然后，才可以实现正确的数据通信。

## 3．标准库函数

标准库函数提供了一些数据类型转换及存储器分配等操作函数。标准库函数的原型声明包含在头文件 stdlib.h 中。C51 语言的标准库函数的函数如表 C-1 所示。

表 C-1　C51 语言的标准库函数的函数

| 函　　数 | 功　　能 |
| --- | --- |
| atoi | 将字符串 sl 转换成整型数值并返回该值 |
| atol | 将字符串 sl 转换成长整型数值并返回该值 |
| atof | 将字符串 sl 转换成浮点数值并返回该值 |
| strtod | 将字符串 s 转换成浮点型数据并返回该值 |
| strtol | 将字符串 s 转换成 long 型数值并返回该值 |
| strtoul | 将字符串 s 转换成 unsigned long 型数值并返回该值 |
| rand | 返回一个 0 到 32767 之间的伪随机数 |
| srand | 初始化随机数发生器的随机种子 |
| calloc | 为 n 个元素的数组分配内存空间 |
| free | 释放前面已分配的内存空间 |
| init_mempool | 对前面申请的内存进行初始化 |
| malloc | 在内存中分配指定大小的存储空间 |
| realloc | 调整先前分配的存储器区域大小 |

## 4．字符库函数

字符库函数提供了对单个字符的判断和转换函数。字符库函数的原型声明包含在头文件

CTYPE.H 中。C51 语言的字符库函数的函数如表 C-2 所示。

表 C-2　C51 语言的字符库函数的函数

| 函　　数 | 功　　能 |
| --- | --- |
| isalpha | 检查形参字符是否为英文字母 |
| isalnum | 检查形参字符是否为英文字母或数字字符 |
| iscntrl | 检查形参字符是否为控制字符 |
| isdigit | 检查形参字符是否为十进制数字 |
| isgraph | 检查形参字符是否为可打印字符 |
| isprint | 检查形参字符是否为可打印字符以及空格 |
| ispunct | 检查形参字符是否为标点、空格或格式字符 |
| islower | 检查形参字符是否为小写英文字母 |
| isupper | 检查形参字符是否为大写英文字母 |
| isspace | 检查形参字符是否为控制字符 |
| isxdigit | 检查形参字符是否为十六进制数字 |
| toint | 转换形参字符为十六进制数字 |
| tolower | 将大写字符转换为小写字符 |
| toupper | 将小写字符转换为大写字符 |
| toascii | 将任何字符型参数缩小到有效的 ASCII 范围之内 |
| _tolower | 将大写字符转换为小写字符 |
| _toupper | 将小写字符转换为大写字符 |

### 5．字符串库函数

字符串库函数的原型声明包含在头文件 STRING.H 中。在 C51 语言中，字符串应包括两个或多个字符，字符串的结尾以空字符来表示。字符串库函数通过接受指针串来对字符串进行处理。C51 语言的字符串库函数的函数如表 C-3 所示。

表 C-3　C51 语言的字符串库函数的函数

| 函　　数 | 功　　能 |
| --- | --- |
| memchr | 在字符串中顺序查找字符 |
| memcmp | 按照指定的长度比较两个字符串的大小 |
| memcpy | 复制指定长度的字符串 |
| memccpy | 复制字符串，如果遇到终止字符则停止复制 |
| memmove | 复制字符串 |
| memset | 按规定的字符填充字符串 |
| strcat | 复制字符串到另一个字符串的尾部 |
| strncat | 复制指定长度的字符串到另一个字符串的尾部 |
| strcmp | 比较两个字符串的大小 |
| strncmp | 比较两个字符串的大小，比较到字符串结束符后便停止 |

续表

| 函　　数 | 功　　能 |
|---|---|
| strcpy | 将一个字符串覆盖另一个字符串 |
| strncpy | 将一个指定长度的字符串覆盖另一个字符串 |
| strlen | 返回字符串字符总数 |
| strstr | 搜索字符串出现的位置 |
| strchr | 搜索字符出现的位置 |
| strops | 搜索并返回字符出现的位置 |
| strrchr | 检查字符在指定字符串中第一次出现的位置 |
| strrpos | 检查字符串在指字符串中最后一次出现的位置 |
| strspn | 查找不包含在指定字符集中的字符 |
| strcspn | 查找包含在指定字符集中的字符 |
| strpbrk | 查找第一个包含在指定字符集中的字符 |
| strrpbrk | 查找最后一个包含在指定字符集中的字符 |

### 6. 内部库函数

内部库函数提供了循环移位和延时等操作函数。内部库函数的原型声明包含在头文件 intrins.h 中，其函数如表 C-4 所示。

表 C-4　C51 语言的内部库函数的函数

| 函　　数 | 功　　能 |
|---|---|
| _crol_ | 将字符型数据按照二进制循环左移 $n$ 位 |
| _irol_ | 将整型数据按照二进制循环左移 $n$ 位 |
| _lrol_ | 将长整型数据按照二进制循环左移 $n$ 位 |
| _cror_ | 将字符型数据按照二进制循环右移 $n$ 位 |
| _iror_ | 将整型数据按照二进制循环右移 $n$ 位 |
| _lror_ | 将长整型数据按照二进制循环右移 $n$ 位 |
| _nop_ | 使单片机程序产生延时 |
| _testbit_ | 对字节中的一位进行测试 |

### 7. 数学库函数

数学库函数提供了多个数学计算的函数，其原型声明包含在头文件 math.h 中，其函数如表 C-5 所示。

表 C-5　C51 语言的数学库函数的函数

| 函　　数 | 功　　能 |
|---|---|
| abs | 计算并返回输出整型数据的绝对值 |
| cabs | 计算并返回输出字符型数据的绝对值 |
| fabs | 计算并返回输出浮点型数据的绝对值 |
| labs | 计算并返回输出长整型数据的绝对值 |

续表

| 函　数 | 功　能 |
|---|---|
| Exp | 计算并返回输出浮点数 x 的指数 |
| log | 计算并返回浮点数 x 的自然对数 |
| log10 | 计算并返回浮点数 x 的以 10 为底的对数值 |
| sqrt | 计算并返回浮点数 x 的平方根 |
| cos、sin、tan、acos、asin、atan、atan2、cosh、sinh、tanh | 计算三角函数的值 |
| ceil | 计算并返回一个不小于 x 的最小正整数 |
| floor | 计算并返回一个不大于 x 的最小正整数 |
| modf | 将浮点型数据的整数和小数部分分开 |
| pow | 进行幂指数运算 |

### 8．绝对地址访问库函数

提供了一些宏定义的函数，用于对存储空间的访问。绝对地址访问库函数包含在头文件 ABSACC.H 中，其函数如表 C-6 所示。

表 C-6　C51 语言的绝对地址访问库函数的函数

| 函　数 | 功　能 |
|---|---|
| CBYTE | 对 8051 单片机的存储空间进行寻址 CODE 区 |
| DBYTE | 对 8051 单片机的存储空间进行寻址 IDATA 区 |
| PBYTE | 对 8051 单片机的存储空间进行寻址 PDATA 区 |
| XBYTE | 对 8051 单片机的存储空间进行寻址 XDATA 区 |
| CWORD | 访问 8051 的 CODE 区存储器空间 |
| DWORD | 访问 8051 的 IDATA 区存储器空间 |
| PWORD | 访问 8051 的 PDATA 区存储器空间 |
| XWORD | 访问 8051 的 XDATA 区存储器空间 |
| FVAR | 访问 far 存储器区域 |
| FARRAY | 访问 far 空间的数组类型目标 |
| FCARRAY | 访问 fconst far 空间的数组类型目标 |

### 9．变量参数表库函数

C51 编译器允许函数的参数个数和类型是可变的，变量参数表库函数便提供了用于函数参数的个数和类型可变的函数。这时参数表的长度和参数的数据类型在定义时是未知的，可使用简略形式（记号为"…"）。C51 的变量参数表库函数包含在头文件 stdarg.h 中，其函数原型如下：

- typedef char*va_list
- void va_start (ap,v)
- typedef va_arg(ap,type)
- void va_end (ap)

### 10．全程跳转库函数

全程跳转库函数提供了程序跳转相关的操作函数，这些函数用于正常系列函数的调用和函数结束，还允许从深层函数调用中直接返回。全程跳转库函数包含在头文件 setjmp.h 中，其函数原型如下：
- typedef char jmp_buf [_jblen]
- int setjmp(jmp_buf env)
- void longjmp(jmp_buf env, int retal)

### 11．偏移量库函数

偏移量库函数提供了计算结构体成员的偏移量函数，其包含在头文件 stddef.h 中。函数声明如下：
- int offsetof (structure, member);
- 该函数计算 member 从开始位置的偏移量，并返回字节形式的偏移量值。其中，参数 structure 为结构体，member 为结构体成员。

# 参考文献

[1] 雷建龙. 单片机 C 语言实践教程[M]. 北京：电子工业出版社，2012.

[2] 陈朝大，李杏彩. 单片机原理与应用——基于 KeilC 和虚拟仿真技术[M]. 北京：化学工业出版社，2013.

[3] 彭伟. 单片机 C 语言程序设计实训 100 例——基于 8051+Proteus 仿真[M]. 2 版. 北京：电子工业出版社，2012.

[4] 邹显圣. 单片机原理与应用项目式教程[M]. 北京：机械工业出版社，2010.